FOR BEGINNERS SCIENCE

資源化する人体

粥川準二［文］　あべ ゆきえ［絵］

現代書館

もくじ

はじめに “バイオの世紀”がやってきた

三つの技術革新

「アメリカの〇〇大学、××病の遺伝子を発見」

「ES細胞から△△細胞を再生　難病治療に光明が」

ここ数年、新聞などでこうした「バイオテクノロジー(生物工学)」の成果を伝えるニュースを読むことが多くなりました。こうした科学の進歩が、医療の劇的な変化に重要な役割を担うことは間違いないでしょう。クローン動物は心臓など不足しがちな移植用臓器を提供したり、化学合成が不可能な医薬品をつくり出すのに役立つかもしれません。

後述するES細胞もまた、パーキンソン病や糖尿病の治療に役立つ移植用組織をシャーレの中でつくり出すことができるでしょう。ヒトゲノム解析でわかった遺伝子の情報は、患者それぞれの体質に合った薬を選び出す「オーダーメイド医療」を可能にするかもしれません。

しかしその一方で、バイオテクノロジーが私たちの社会に大きな悪影響をもたらす可能性も否定できません。

たとえば、移植用組織をつくるため

にES細胞を得るには、どうしても胚を壊す必要があります。個々人の体質差をもたらす遺伝子の違いを見つけるためには、何千人分もの生体組織が必要になります。つまり、こうした技術は、研究段階でも、医療に応用するときでも、どうしても私たちの身体を材料にする必要があるのです。そうして開発された医療技術がたいへん高価なものになることも想像に難くありません。

バイオテクノロジーといってもさまざまな技術がありますが、ここ数年、三つの大きな技術革新がありました。

一つは1997年、イギリスの研究者が世界初の体細胞クローン動物を誕生させたこと。もう一つは1998年、アメリカの研究者が身体のどんな細胞にでもなりうることから「万能細胞」とも呼ばれるES細胞の樹立に成功したこと。そしてもう一つは2000年6月、アメリカの企業と日米欧の研究チームがヒトゲノムの全塩基配列をほぼ解読し終えたことです。

まずはその三つの技術革新がどんなものなのかを見てみましょう。

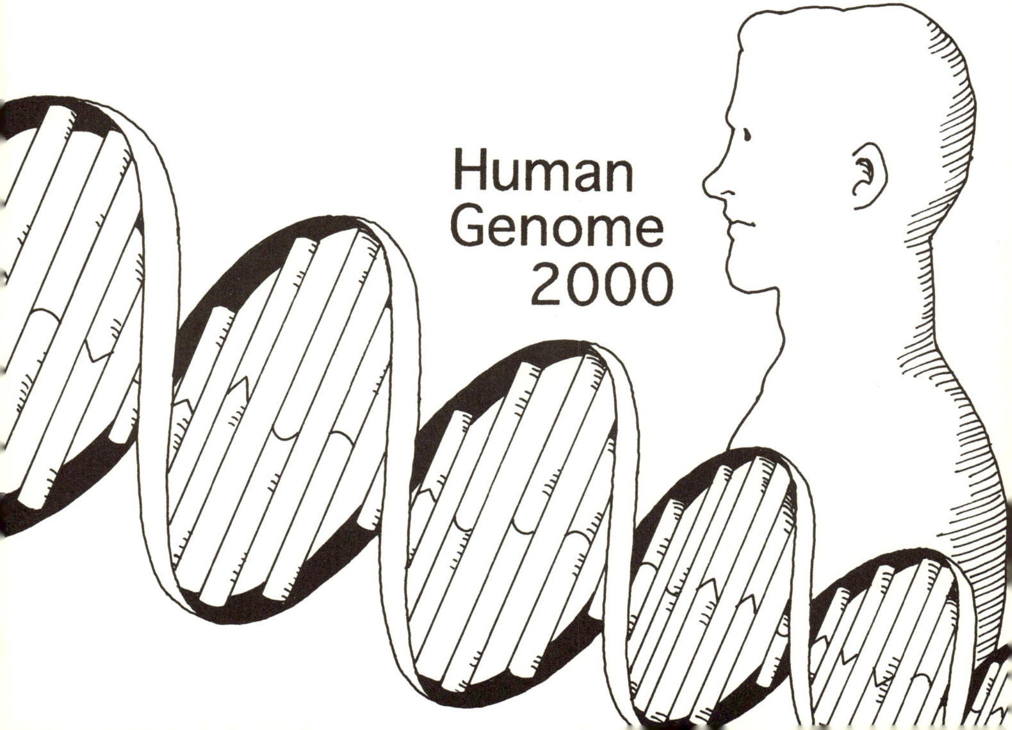

体細胞クローン動物の誕生

イギリスのロスリン研究所のイアン・ウィルムットらは、世界で初めて、体細胞を使ったクローン動物をつくったと科学誌『ネイチャー』(1997年2月27日号)で発表しました。有名なクローンヒツジ「ドリー」の誕生(96年7月5日)です。ウィルムットらが行なった実験はどのようなものだったのでしょうか?

ドリーの誕生には、3頭の雌ヒツジが関係しています。まず、成長した雌ヒツジの乳腺細胞を取り出し、5日間培養します。その間、栄養などを抑えた条件(血清飢餓培養といいます)で培養してやると細胞は分裂をやめ、遺伝子の働きが「初期化」されます。その一方、別の雌ヒツジから卵細胞(未受精卵)を取り出して、マイクロピペットと呼ばれる道具で核を取り除きます。核を取り除いた未受精卵のことを、除核未受精卵といいます。次に、乳腺細胞と除核未受精卵とを電気ショックで融合させます。これを核移植といいます。5～6日経って、細胞分裂を繰り返した細胞を代理母となる雌ヒツジの子宮に移植します。

『nature』
1997年2月27日号

その子宮から誕生したのが、体細胞クローンヒツジ「ドリー」です。その後、日本で初めて生まれた体細胞クローンウシをはじめ、マウスやヤギ、ヒツジなどで、次々と体細胞クローン動物がつくられました。

クローン動物をつくる目的はいったい何なのでしょうか？　肉質のよい家畜をたくさんつくることに役立つかもしれません。マンモスなど、絶滅してしまった動物を甦らせることもできるかもしれません。

しかし、本命は医療目的です。もっといえば、遺伝子組み換え技術を組み合わせて利用します。

たとえば、ヒトの遺伝子を組み込み、ミルクの中に有用なタンパク質を含むように改良したクローン動物で医薬品をつくる「動物製薬工場」。たとえば、拒絶反応を起こさないように遺伝子を操作したクローン動物の臓器をヒトに移植する「異種間移植」。

動物が医療産業の中に組み込まれ、人間を助けるようになるのです。

ES細胞の樹立

1998年11月6日、米ウィスコンシン大学のジェームズ・トムソンらが、世界で初めて、ヒトのES細胞を取り出すことに成功したと発表しました。ES細胞とは、あらゆる臓器や組織などに分化する能力「多能性」を持ち続けながらも、培養すればそのままの状態で増え続けるという能力「不死性」を同時に持つ特殊な細胞のことです。「胚性幹細胞」と訳されますが、マスコミなどでは「万能細胞」とも呼ばれています。

トムソンらは、不妊クリニックで体外受精されたが使われなかった受精卵を、両親からインフォームド・コンセントを得て貰いうけ、胚盤胞と呼ばれる段階まで培養しました。そしてその内側の細胞(内部細胞塊)を取り出し、それを特殊な方法で培養することでES細胞を樹立することに成功しました。

また同6日、米ジョン・ホプキンス医科大学のジョン・ギアハートらが、胎児の始原生殖細胞(将来精子や卵子になる細胞)から、ES細胞とよく似た「EG

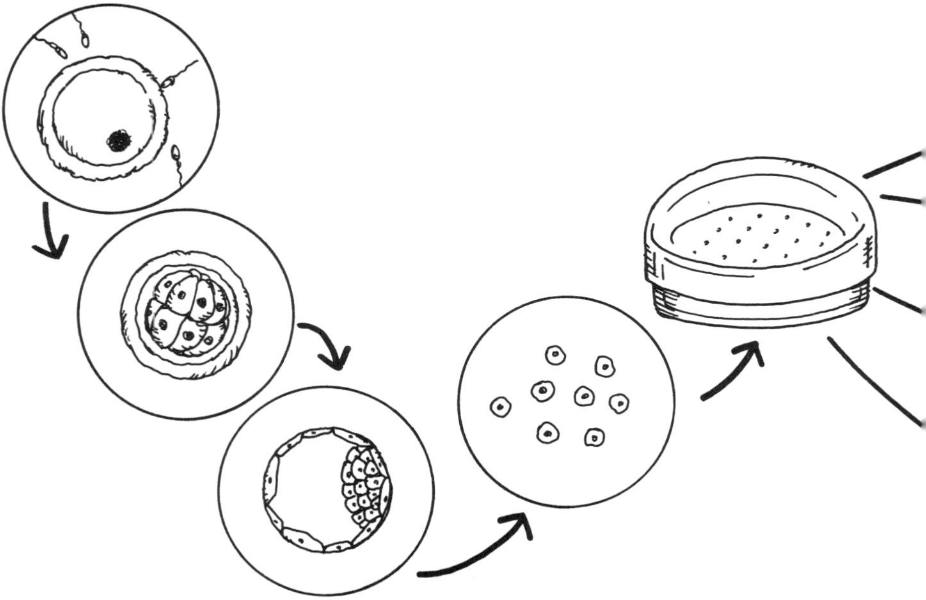

細胞」を取り出したと発表しました。

ES細胞は、すでにマウスのものが医学研究用のトランスジェニック(遺伝子導入)マウスをつくることに使われています。しかし、ヒトのES細胞が注目されたのは、これからあらゆる移植用組織や臓器をつくり出すことができるかもしれないからです。

受精卵は分裂・増殖すると、それぞれの細胞が別々に臓器や皮膚、脳、骨などの各機能を持つようになります。この過程を「分化」といいます。ところがES細胞やEG細胞は分化しないまま分裂・増殖することができるのです。これに適当な「成長因子(分化誘導物質)」を与えてやったり、遺伝子組み換えを行なったりすれば、理論的には目的の組織や臓器だけをつくることができるのです。つまり、ドナーを必要としない移植医療が可能になるかもしれないのです。

しかし当然ながら、ヒトの胚*を壊さなくては得られないことから倫理的な問題も指摘されています。

＊「胚」という言葉には、さまざまな定義がありますが、本書では、精子と卵子が受精し、子宮に着床する(させる)までのものを胚と呼ぶことにします。「受精胚」もほぼ同じ意味で用います。「受精卵」は、正確には受精したばかりで分裂し始める前のものをいいますが、胚とほぼ同じ意味で用いることもあります。着床から出生までのものを「胎児」と呼ぶことにします。

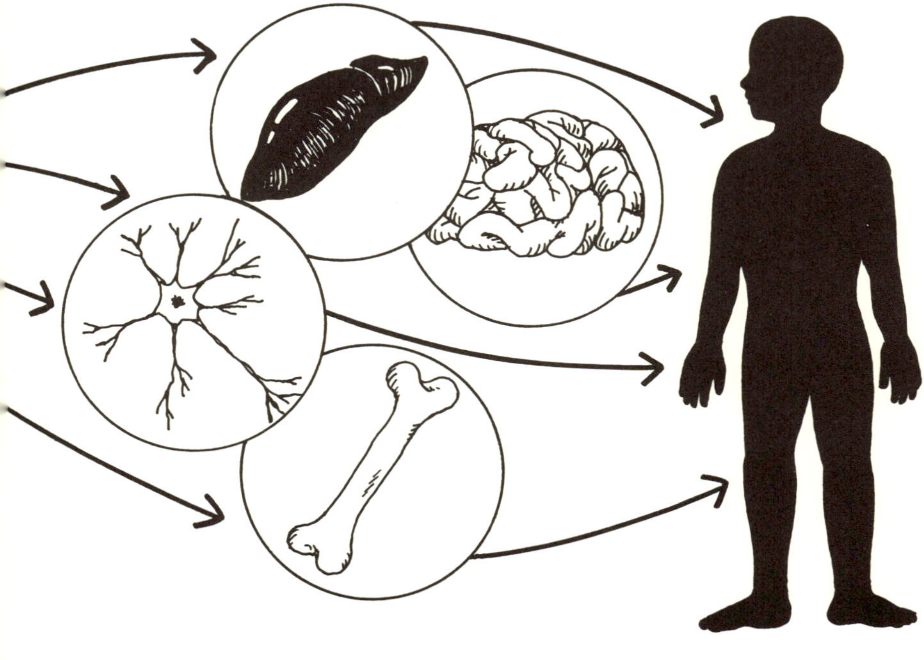

ヒトゲノム塩基配列の決定

2000年６月、アメリカの企業と日米欧の研究チームがヒトゲノムの全塩基配列の解析をほぼ終了しました。

ある生物が持っている遺伝情報すべてのことをゲノムといいます。細胞の中心には核があり、その中にある染色体を構成する物質が DNA です。DNA はＡ（アデニン）、Ｇ（グアニン）、Ｃ（シトシン）、Ｔ（チミン）という４種類の塩基と呼ばれる化学物質が二重らせん状に組み合ってできています。ヒトゲノムの塩基は全部で約30億対。染色体には、さまざまな生命活動に必要なタンパク質をつくる DNA の領域があり、それが遺伝子です。一つの遺伝子は数千塩基対から構成されていると見られ、人間の場合、約３万個の遺伝子があるといわれています。

生物のゲノムを読みとる研究をゲノム解析といいます。ヒトのゲノムでそれを行なうのが「ヒトゲノム解析」です。しかし2000年６月にほぼ終わった

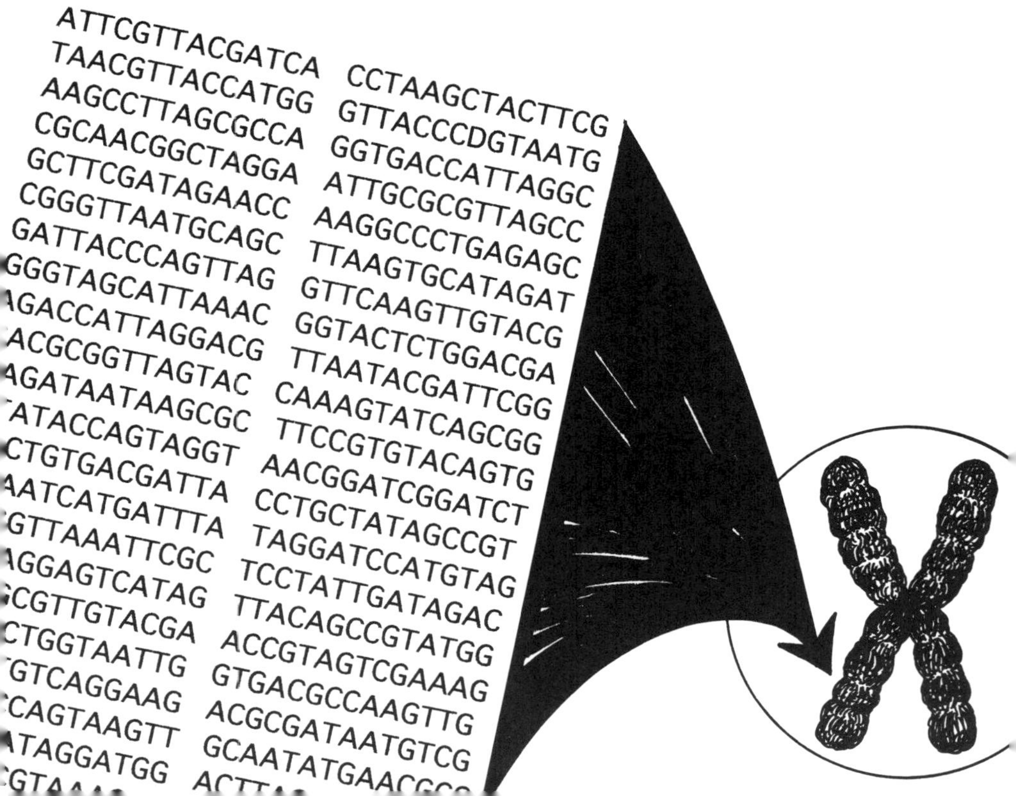

のは、染色体の塩基配列をひたすら読みとっていく作業です。個々の遺伝子の位置とその塩基配列、その役割を突き止めていくのはこれからが本番です。「ポストゲノム」とも呼ばれています。

1986年、アメリカのエネルギー省が世界に先駆けてヒトゲノム解析に乗り出しました。その後、日本やイギリス、フランスなども国家としての研究を開始しました。それぞれ役割を分担して、1991年から国際的なプロジェクトとなりました。

やがて、がんなどさまざまな病気が遺伝子と深く関係し、その遺伝情報を利用して画期的な医薬品や治療法を開発することができれば、その特許で巨大な利益を得られるということに民間企業が気づき始めました。ヒトゲノムの研究は、科学からビジネスへと姿を変えていったのです。

まずはこのヒトゲノム解析からじっくりと見てみましょう。

ヒトゲノム解読 先陣争い新段階

未知の遺伝子のかたまり……
肌なんかスベスベで細胞が元気そうだな……
うううう研究材料の宝庫……
そんなーすごいことなんてないですよー
わたし、お見合なんて初めてで……
あの…バイオテクノロジーのご研究なさっていらっしゃるとか……
すごいですね

第1章

ヒトゲノム解析

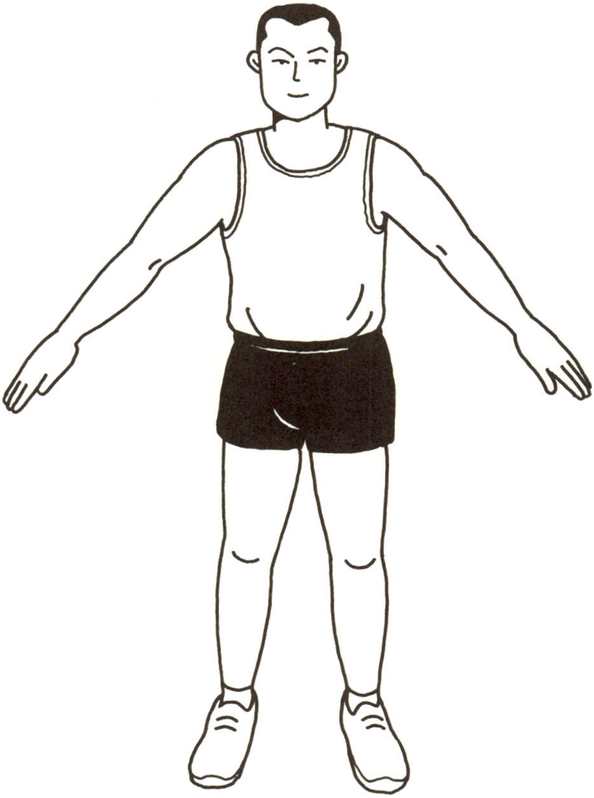

ヒトゲノム解析とは？

ここであらためて、ヒトゲノム解析とは何かを見てみましょう。

「ヒトゲノム」という言葉の「ヒト」とは、もちろん人のことを意味し、「ゲノム」とは、親から子へ受け継がれてきた遺伝情報すべてのことを意味します。私たちの身体を構成する細胞すべての中心には核があり、さらにその中に染色体と呼ばれる糸状の物質が含まれています。ヒトの場合、細胞の数はおよそ60兆個、染色体は２セット46本ずつあります。遺伝情報は、この染色体を構成する化学物質に隠されています。それがDNA（デオキシリボ核酸）です。

DNAはA（アデニン）、G（グアニン）、C（シトシン）、T（チミン）という４種類の塩基と呼ばれる物質からなる糸状のものです。AとT、CとGは互いに結びつき、もう１本の糸を構成し、その２本がからみ合うことによって二重らせん状の構造をしています。

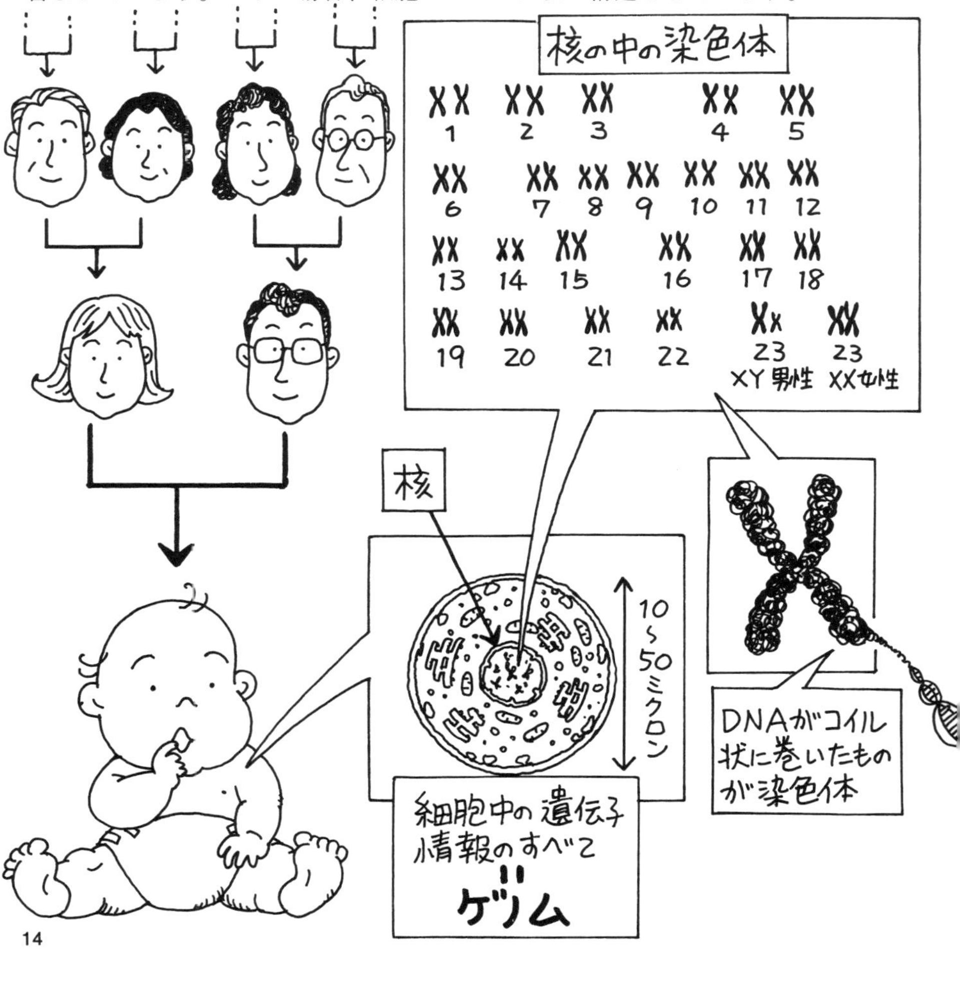

ヒトの遺伝情報は1セット約30億個の塩基対からなるDNAに含まれています。このゲノムの中で、生物が生きていくのに必要な何万種類というタンパク質をつくり出す領域が遺伝子です。一つの遺伝子は数千塩基対から構成されると見られており、ヒトの場合、現在は約3万個の遺伝子があるといわれています。

生物のゲノムの塩基配列をすべて読み解き、さらにどのような役割を果たす遺伝子が、染色体のどの部分にあるかを探るという研究が、ゲノム解析です。ゲノムの塩基配列であるA、G、C、Tという4種類の文字を、デジタル信号にしてコンピュータのデータベースに記憶させるという作業が、世界中の研究所で進行しています。ゲノム解析は、微生物からラットなどの動物、イネなどの植物にいたるまで、ありとあらゆる生物を対象に行なわれています。ヒトでそれを行なうのが「ヒトゲノム解析」であり、イネでそれを行なうのが「イネゲノム解析」です。ヒトの場合、一般的に「ヒトゲノム計画」ともいいます。

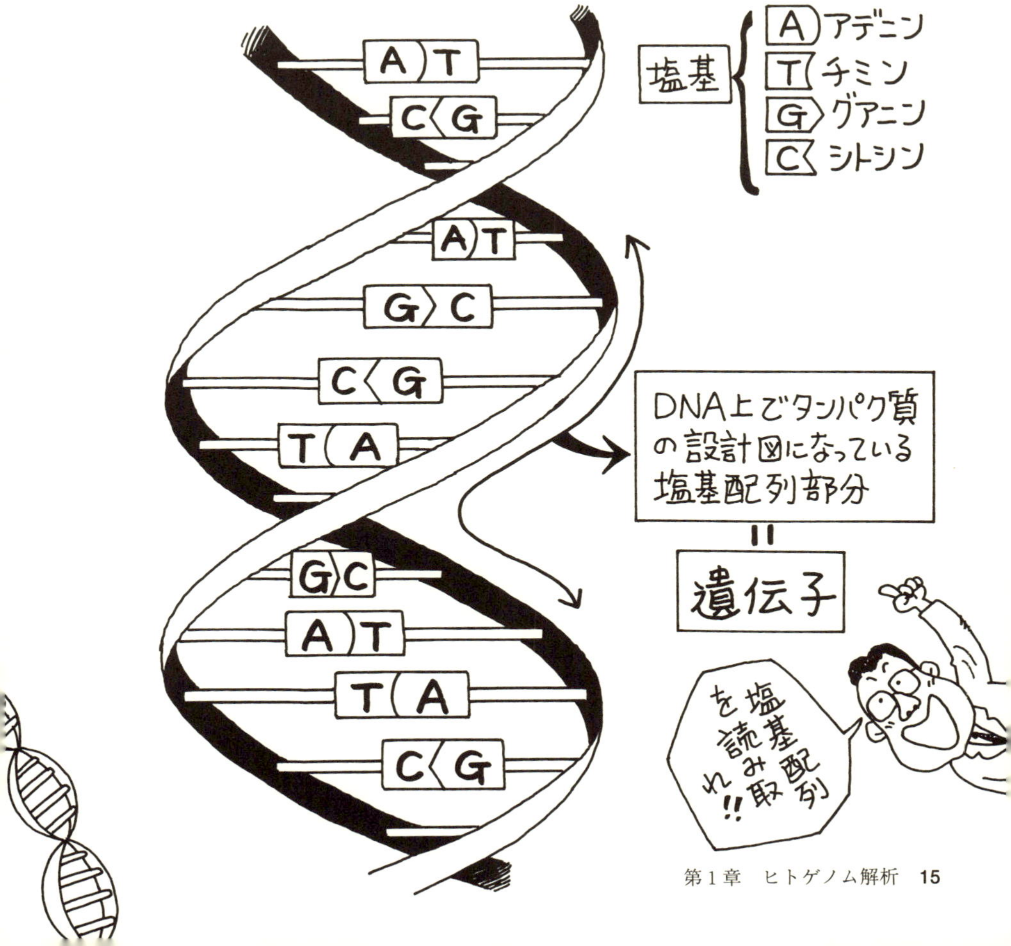

ヒトゲノム計画がスタート

ヒトゲノム解析計画の発想は、1980年代にアメリカの研究者たちから生まれました。アメリカでヒトゲノムの解析を最初に始めたのはエネルギー省でした。そのルーツは、核兵器の放射能がヒトにおよぼす遺伝的影響についての研究であったといいます。アメリカの科学史家スーザン・リンディーは、ヒロシマへの原爆投下後、ABCC（原爆傷害調査委員会）という米軍の機関が被爆者たちをどのように扱ったかを批判的に分析した『現実になった被害』（シカゴ大学出版局、未邦訳）という本を1994年に上梓しました。リンディーは同書で次のように書いています。

〈1986年、原爆生存者《サバイバー》とその子孫たちにおける突然変異の頻度を評価する必要性は、ヒトゲノム全体を地図化するという試み、つまりヒトゲノム解析計画にエネルギー省が参加することによって正当化されたのだ〉（同書251ページ）

その後、すぐに国際プロジェクトが進行し始めます。1988年には、HUGO（ヒトゲノム解析）が設立されて、アメリカのメリーランド州ベセスダとイギリスのロンドン、日本の大阪に事務所が設置されました。アメリカは1990年より、日本は1991年より、ヒトゲノム計画を正式にスタートさせました。1996年には、各国の研究機関の連合体「国際ヒトゲノム計画（連合）」が発足しました。

解析には、シーケンサーと呼ばれるDNA自動解析装置を使います。染色体を適当な長さで切り出して、そのDNA断片の塩基配列を順番に読みとっていくのです。それらバラバラの塩基配列の情報を組み合わせて、染色体を再現することには複雑な計算が必要です。その作業は最初、ゆっくりと行なわれていたのですが、それを高速化することに高性能のコンピュータとプログラムが一役買ったことはいうまでもありません。

それ!!各部分の塩基配列の解析だ!
アメリカはいいな
自動解析機やコンピュータいっぱい持っててサ
ウチもいそぎましょーよー

ヒトゲノム情報は資源

ではなぜ、世界中の研究機関や企業がヒトゲノム解析に膨大な予算をつぎ込んで取り組んできたのでしょうか？それはヒトゲノムに含まれる遺伝子の情報が資源になるからです。ヒトゲノム解析で得られた情報は、さまざまなかたちで医療産業の進展を加速させるでしょう。ヒトゲノムに含まれる情報のうち、何が資源となり、どのような産業となるのでしょうか？

第1に、有用な物質をつくる遺伝子です。化学合成が不可能で医薬品として有用なタンパク質をつくる遺伝子が見つかれば、その遺伝子を微生物に組み込み、それを増やすことで量産することができます。医薬品はもちろん、健康食品、試薬などの生産にも応用できます。微生物ではなくて、動物や植物、昆虫の細胞に組み込んで有用物質を生産する方法も次々と考え出されています。

第2に、病気に関連する遺伝子が挙げられます。ある病気に特有な遺伝子の構造がわかれば、それを利用して、遺伝子診断に応用することができます。病気を診断するために行なわれる通常の遺伝子診断のほか、「着床前診断」と呼ばれる受精卵段階での遺伝子診断などがあります。病気を起こす原因となる遺伝子の情報は、遺伝子治療にも応用できます。病気を起こしている細胞中での遺伝子の働きを、遺伝子組み換え技術によって調節するのです(第5章参照)。

第3に、遺伝子の多型です。多型とは、個々人における遺伝子の塩基配列の違いのことです。それらを明らかにし、データベース化しておけば、体質の診断やそれに応じた治療法の選択(オーダーメイド医療)に役立てることができるといわれています。そのほか、DNA鑑定(犯罪捜査、親子鑑定)などにもこの情報は応用できます。

こうした成果がもし得られれば、医療を大きく変化させることは間違いありません。しかし同時に、社会にとてつもない悪影響をもたらす可能性も否定できないのです。それぞれどのような問題を生じる可能性があるか、少しずつ見ていきましょう。

DNA鑑定できますな
ヒトのゲノム情報ですな
病気の遺伝子診断できますな
先天性病気で簡保加入拒否
遺伝情報による差別
たとえば……

遺伝子特許

遺伝子の塩基配列の情報は、その機能がわかれば特許をとることができます。特許をとってしまえば、その情報をもとにつくり出された医薬品により、莫大な利益を特許権の取得者は得られるのです。特許を持たない企業は手も足も出ません。そしてヒトの遺伝子の数には限りがあります。だからこそいま、ゲノム解析に民間企業が盛んに参入しているのです。

実はしばらくのあいだ、ヒトや動植物の遺伝子は、どういう条件があれば特許が取得できるのか、明確な基準がありませんでした。こうした中、1998年秋、アメリカのバイオ企業インサイト社が解読したDNAの断片に、アメリカ特許商標局が特許を与えました。このDNAの断片は、ある酵素の遺伝子だと推測されていたのですが、有用性がはっきりしていなかったために各方面から批判がまき起こりました。そして1999年6月、日本、アメリカ、

EU（欧州連合）の三極特許庁は、遺伝子情報に特許を認めるさいの基本的条件について合意しました。遺伝子の塩基配列を解読しただけでは不十分で、医薬品への応用が可能なタンパク質をつくることができるなど、独自の機能や有用性が明らかな場合にだけ特許が認められることになりました。この合意は拘束力を持つものではありませんが、企業にとっては一つの目安となるものでしょう。

バイオテクノロジーの進展において、特許の取得はきわめて重要とみなされているのです。2001年５月には、アメリカのオハイオ州連邦地検が日本人研究者２人をアメリカの研究機関からアルツハイマー病の遺伝子サンプルなどを盗んだとして起訴し、大きく報道されました。この事件が起きた背景には、アメリカのプロパテント（特許重視）政策に対する日本側の認識の甘さがあるという指摘もなされています（後述）。

いよいよ遺伝子は資源としての性格を持たされるようになってきたのです。

クレイグ・ベンターの野望

この問題の発端は1990年代初めにさかのぼります。

1991年、アメリカのNIH（国立衛生研究所）の辣腕研究者クレイグ・ベンターは、ヒトの脳から見つかった337個の遺伝子の特許を申請し、科学界に大論争を引き起こしました。数カ月後、ベンターらはさらに2000個の遺伝子の特許を申請しました。しかも、これらの遺伝子はその機能が明らかになっていないものでした。このとき、アメリカ特許商標局はその特許を拒絶しました。翌1992年、ベンターはNIHを辞職し、民間資本のゲノム研究所TIGR（タイガー）を設立しました。タイガーはやはりベンチャー企業であるヒューマン・ジェノム・サイエンス社と提携して、片っ端からヒトのDNAを解読し始めました。

そして1998年8月、ベンターはDNA自動解析装置の最大手PEコーポレーション（現アプレラ・コーポレーション）と提携して、セレーラ・ジェノミクス社を新たに設立しました。セレーラ社は、1台4000万円もする自動解析装置を300台購入し、ゲノム解析

を進めました。また、コンピュータ・メーカーのコンパック社とも提携を結び、6000万ドル以上をコンピュータにつぎ込みました。そしてベンターは「2001年までにヒトゲノムをすべて解読する」と豪語したのです。各国はこの発表に驚き、当初2005年だった国際プロジェクトの完了予定を2003年に前倒しにしました。

セレーラ社が展開し始めたのは、儲かりそうな遺伝子を見つけて特許を取得し、同時に、解読したヒトゲノム情報を、高額な料金を払った企業にだけ提供するという戦略のビジネスでした。

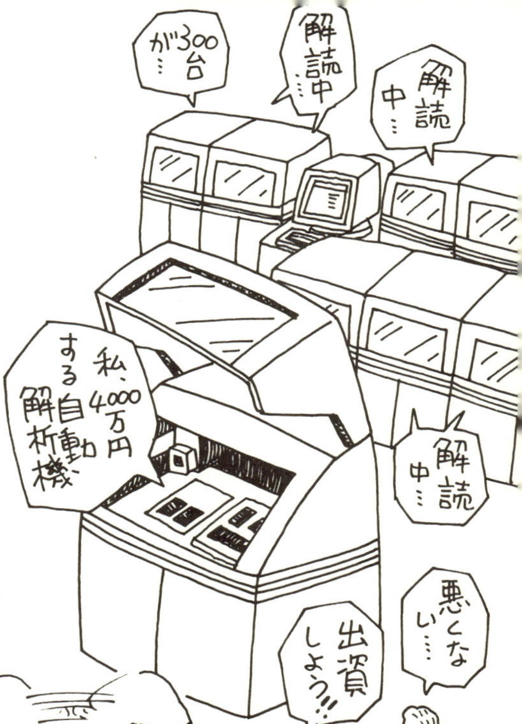

2000年6月27日

もしセレーラ社の計画が国際ヒトゲノム計画よりも早く終了すれば、かなりの遺伝子特許を民間企業に押さえられてしまうことになりかねないと、世界中の研究者たちが危機感を持ち始めました。そうなれば、私たちが恩恵を受けるかもしれない薬品の価格などにも影響が出るかもしれない——そう危惧したホワイトハウスや科学界は、セレーラ社と国際ヒトゲノム計画とを“手打ち”させようとしました。

1999年暮れには、両陣営でデータを共有して、共同で発表しないかという話もありましたが、セレーラ社側がデータ公開を渋り、交渉は決裂しました。

2000年3月14日には、アメリカのクリントン大統領(当時)とイギリスのブレア首相が、ヒトゲノム情報は世界中の研究者が利用できるように無料で公開すべきだとの共同声明を発表するという一幕もありました(なお、こうした重要な場面で日本がはずされたことを憂える声も多いようです)。

そして2000年6月27日、ワシントンとロンドンで共同記者会見が開かれました。

国際ヒトゲノム計画とセレーラ社の代表者が同席し、ヒトゲノムの塩基配列の解読がほぼ終了したと共同で宣言したのです。国際ヒトゲノム計画は解読データのドラフト(概要版)が完成したと発表しました。これまで彼らが解読したデータを集大成したものであり、全部で約30億塩基対からなるゲノムの86.7%に当たります。今後、未読の部分の解読などに取り組み、2003年には解読を完了すると述べました。一方、セレーラ社はヒトゲノムの約99%を解読したと発表しました。

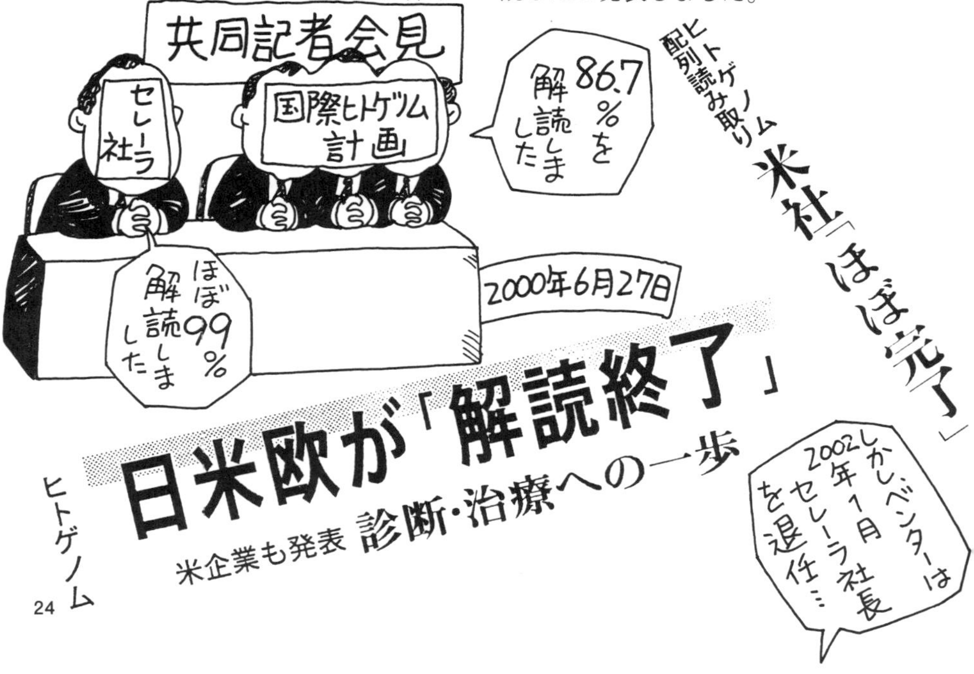
共同記者会見
セレーラ社
国際ヒトゲノム計画
86.7%を解読しました
ほぼ99%解読しました
2000年6月27日
ヒトゲノム配列読み取り 米社「ほぼ完了」
ヒトゲノム
日米欧が「解読終了」
米企業も発表 診断・治療への一歩
しかしベンターは2002年1月セレーラ社長を退任…

セレーラ社は、武田製薬やファイザー、ノバルティスなど契約を結んだ製薬会社に自社のデータベースを提供して、多額の利用料を得るというビジネスを開始しました。一方、国際ヒトゲノム計画は、解読で得られたデータを科学研究の基盤と位置づけており、随時、無料で公開し続けました。ある研究者はこの状況を「科学がビジネスや政治に変わってしまった」と嘆いていました。

ここで解読がほぼ完了したというのはあくまでも塩基配列の順序であり、具体的な遺伝子の位置や機能ではありません。研究機関や企業による遺伝子解読競争、特許取得競争はこのときがスタートだったのです。

バイオインフォマティクス

ゲノム解析から生み出される情報はきわめて膨大です。だからゲノムに含まれる遺伝子の機能を推測するためにはコンピュータが不可欠です。各研究所で得られた情報は、コンピュータで電子的に保存され、その一部はインターネットで公開されて、世界中の研究者が利用できるようになっています。そこで重要になってきたのが、生命科学と情報工学が結びついて生まれた「バイオインフォマティクス（生物情報科学）」という新しい概念です。

たとえば、ある塩基配列がどんな役割を果たしているかを推測するためには、すでに構造も機能も明らかになっている遺伝子のデータベースのなかから、塩基配列が類似しているものを探すことが必要になります。まるで干し草の山の中から１本の針を探すような作業なので、コンピュータを使わなければ不可能です。よく似た塩基配列の遺伝子が見つかれば、調べている遺伝子がつくるタンパク質の構造やその役割を予測できます。これによって、医薬品の候補となる物質を探すことができるのです。

カテプシンKという酵素を例に見てみましょう。1993年、スミスクライン・ビーチャム社の研究者が骨腫瘍患者の「破骨細胞」から遺伝物質を分離したのですが、ヒューマン・ジェノム・サイエンス社の研究者に、その解析を手伝ってほしいと依頼しました。破骨細胞とは、骨形成の過程で骨を分解する細胞です。骨粗鬆症の患者では、この細胞が強く活性していると考えられているのです。その遺伝情報を調べることによって、骨粗鬆症の治療薬を見つけることを研究者は目指していました。

ヒューマン・ジェノム・サイエンス社は、提供された遺伝物質を解析しました。その結果、破骨細胞の中でとくに特定の塩基配列が過剰にタンパク質を発現していること、そしてその塩基配列が、以前に確認されたカテプシンというタンパク質をつくる遺伝子の塩基配列と一致していることを、データベースの検索によって突き止めたのです。

現在、スミスクライン・ビーチャム社は、このタンパク質の働きを妨害する物質を探し、骨粗鬆症の治療薬を開発しようとしています。

オーダーメイド医療

実は遺伝子には、同じものでも個々人のあいだでわずかに異なる部分があります。なかでもたった一つの塩基配列の違いのことを「SNP(スニップ)」といいます。日本語では「一塩基多型」と訳されています。

DNA は前述のようにA、G、C、Tという4種類の塩基が二重らせん状に組み合わされてできています。たとえばAさんのある遺伝子では、塩基配列が「ＡＡＣＧＣ」となっているのに対し、Bさんの同じ遺伝子では「ＡＡＴＧＣ」となっていることがあります。SNP とは、三つ目の塩基CとTの違いのことを指します。

このSNP がある病気へのかかりやすさや、医薬品の効果や副作用の違いをもたらすことが徐々にわかってきたのです。そうした個々人の体質の違いに合わせた投薬など治療法の選択を

「テーラーメイド医療」もしくは「オーダーメイド医療」と呼びます。

SNPが注目を集めているのは、がんや高血圧などの病気と遺伝子との関係を発見できる可能性があるからでもあります。ある病気の人と健康な人のあいだのSNPを調べることで、病気に関連する遺伝子を探索するのです。

また、同じ薬を飲んで副作用が出る人と出ない人とのあいだでのSNPを調べれば、副作用と遺伝子との関係がわかります。薬を飲む前に副作用の有無を予測することができるようになるかもしれません。

ただしSNPを見つけるためには、かなりの人数分の遺伝子を集め、それらを比較分析することが必要になります。すでに多くの企業や大学がそうした研究を開始していますが、その過程では問題が生じ始めています。

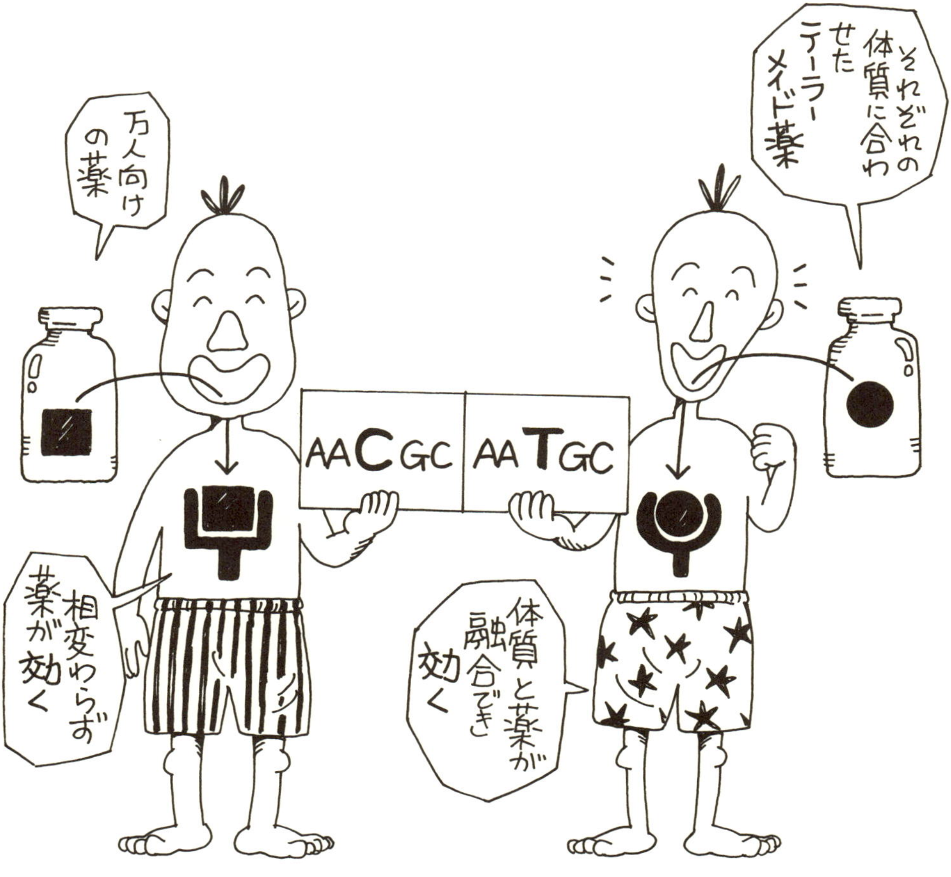

DNA チップ

こうしたSNP の探索やSNP の診断に役立つツールとして注目を集めているのがDNA チップです。

DNA チップとは、数万のDNA 断片をのせた１枚のガラス板状のツールです。これにより大量のDNA の塩基配列を一度に調べることが可能になりました。

チップ自体は数センチ四方のガラス板です。この上に、スポットと呼ばれる、すでに塩基配列がわかっているDNA の断片が数千から数万種並べられています。DNA は４種類の塩基でできていますが、それらはそれぞれA-T、G-Cという組み合わせで結合します。そこでこの仕組みを利用すると、たとえば、「ＴＡＣＧＴＡ」という“釣り針”をつくっておけば、そこに「ＡＴＧＣＡＴ」という“魚”がくっついて釣り上がります。

DNA チップには、短いもので15～16塩基対、長いもので数万塩基対のDNA 断片が張り付けてあります。間隔を狭くして並べれば、ヒトの遺伝子３万個を１枚のチップにのせることも可能です。

これを使うには、まず、調べたい血液など細胞から取り出したDNA をバラバラにして、蛍光物質で標識をつけてからチップに流し込みます。そのなかにスポットのDNA（釣り針）とぴったり合う塩基配列のDNA（魚）があればそれらは引っかかり、残りは洗い流されます。引っかかったDNA は光ります。スポットのDNA の塩基配列はわかっているので、発光場所を見れば、引っかかったDNA にどのような配列が含まれているかわかるのです。

たとえば、がん細胞と通常の細胞からDNA を取り出してチップに流し、光り具合を比較すれば、がん細胞で働いている遺伝子を見つけることができるだろうと期待されています。ある病気の患者のDNA を、DNA チップに流し込めば、病気のあいだには、どの遺伝子が働いているのかわかるかもしれません。

ただし、こうした技術が進み、病気のなりやすさなどを予測できるようになれば、人間をあらゆるDNA レベルで選別することも可能になります。このことには注意が必要です。

昔、理科の実験で使ったスライドガラスのようですね
DNA チップ

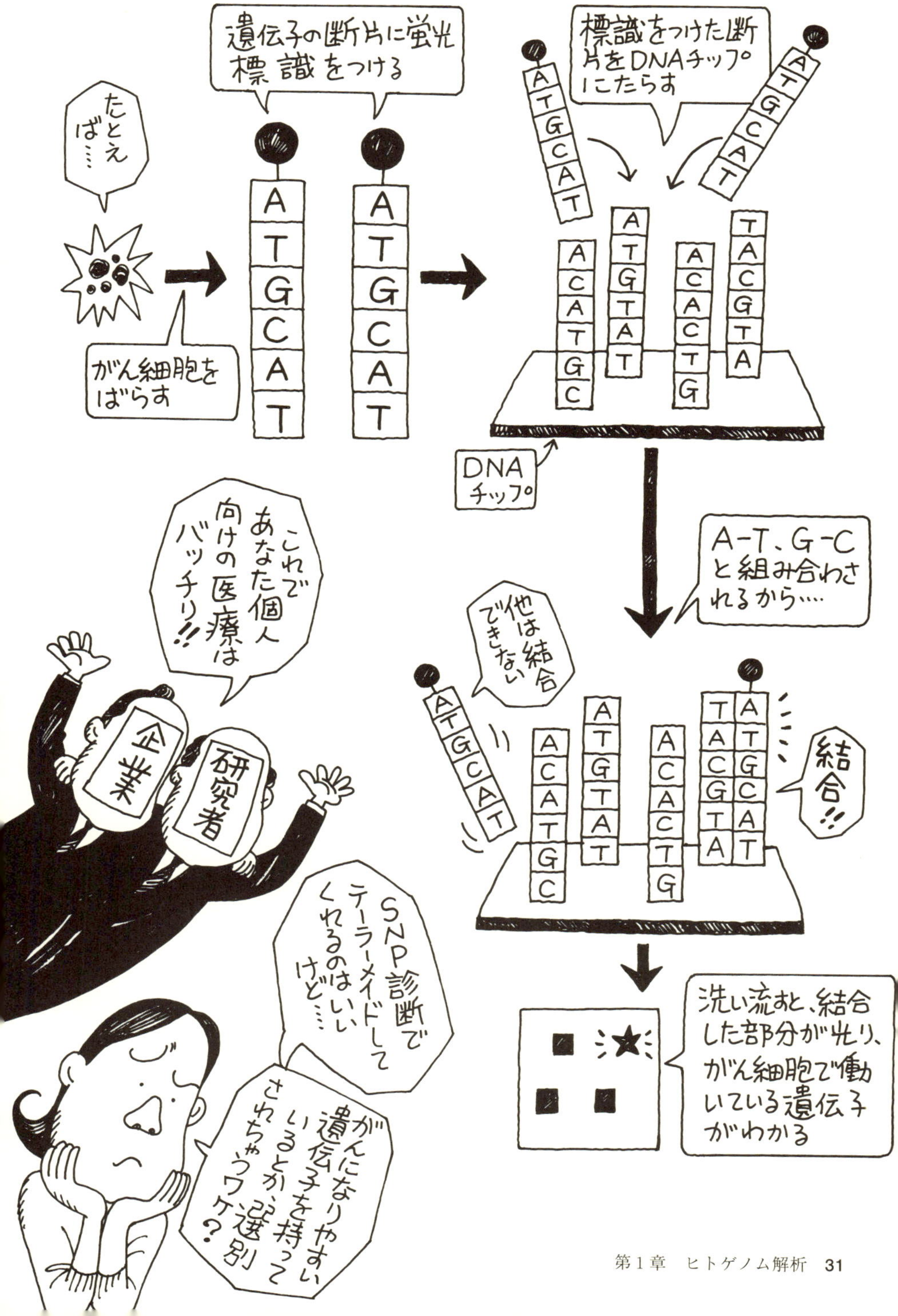
たとえば……
がん細胞をばらす
遺伝子の断片に蛍光標識をつける
A T G C A T
A T G C A T
標識をつけた断片をDNAチップにたらす
A T G C A T
A T G C A T
A C A T G C
A T G T A T
A C A C T G
T A C G T A
DNAチップ
A-T、G-Cと組み合わされるから…
他は結合できない
結合!!
洗い流すと、結合した部分が光り、がん細胞で働いている遺伝子がわかる
これであなた個人向けの医療はバッチリ!!
企業
研究者
SNP診断でテーラーメイドしてくれるのはいいけど…
がんになりやすい遺伝子を持っているとか、選別されちゃうワケ?

アイスランドの遺伝子解析計画

極北の海に浮かぶ小さな島国のアイスランド。

1998年12月、この国で「国民健康情報統一データベース法」が議会を通過しました。国民の遺伝情報や健康情報、家系情報をデータベース化し、最終的には病気になりやすい体質などを遺伝子レベルで探り、産業振興に役立てることをねらった法律です

アイスランドは人口わずか28万人。通婚圏が狭いので、遺伝構造にも共通性が高く、しかも家系を残すという風習が残っており、いまでも50代前の先祖をたどることが可能です。そこに目をつけたのが、デコード・ジェネティクス社というベンチャー企業でした。

この国でなら以下のようなことが可能です。たとえば、ある病気に関連した遺伝子を見つけたいとします。まず患者たちの家系を記録したデータベースを使って、共通の祖先を持つ患者群を探し出します。その患者群は、祖先が持っていた病因遺伝子を受け継ぎ、共有している可能性が高いのです。だから彼らの遺伝子を調べて、その共通点を探すことで、病因遺伝子を見つけることが比較的楽にできると期待されているのです。

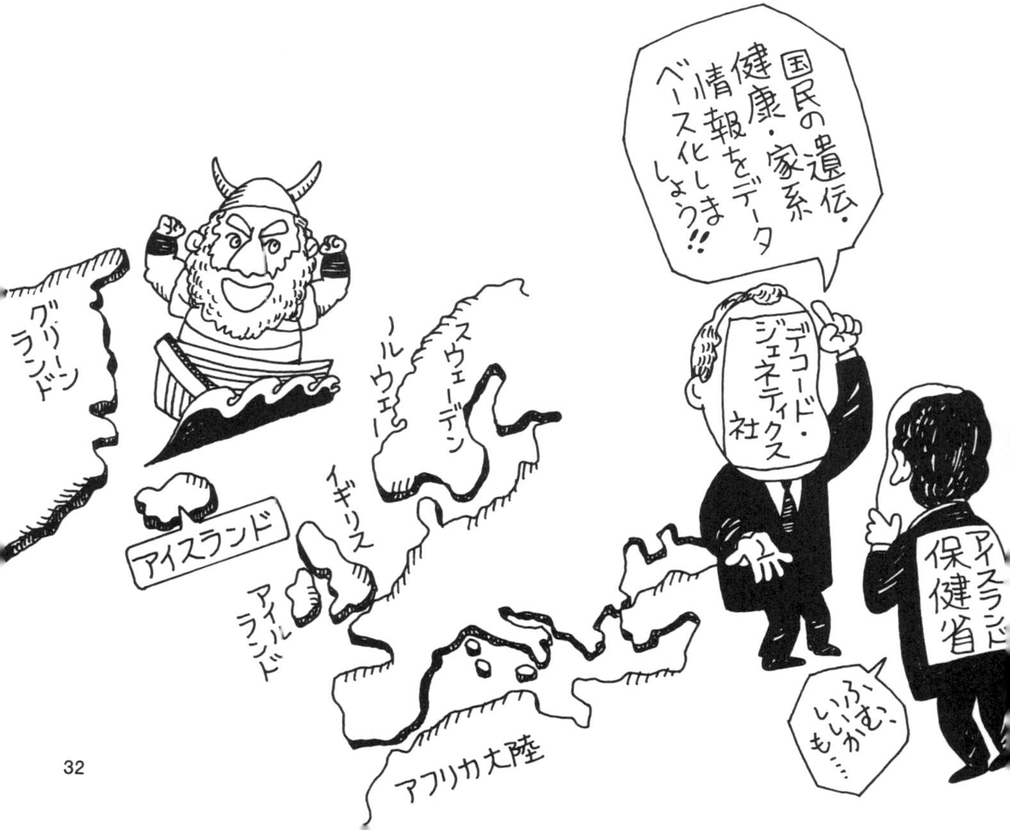

1997年、デコード社のカリ・ステファンソン社長が、この国の保健省にこの構想を持ち込みました。デコード社はまず、スイスの製薬企業ホフマン・ラ・ロシェ社と契約を結びました。病気の治療や診断に使う医薬品づくりに役立てるために、病因遺伝子の共同研究を開始しました。デコード社が発見した情報で新薬をつくることができれば、その特許を取得した企業には、巨額の利益が転がり込みます。世界中の製薬会社が殺到するでしょう。

しかし問題なのは、この法律では、国民は、その病歴や家系の情報がデータベースに組み込まれる前に、それに同意するかを尋ねられることはないということです。不同意を示さなければ、同意と見なされてしまうのです。

すでに多くの科学者、医師、患者団体がこの法律に反対しています。日本ではアイスランドほどの好条件はそろっていませんが、各医療機関が遺伝子解析のためのサンプルの収集を開始しています。

また、製薬企業の利益のために、アイスランド国民を実験動物として扱うことは国際的に認められてよいのでしょうか？

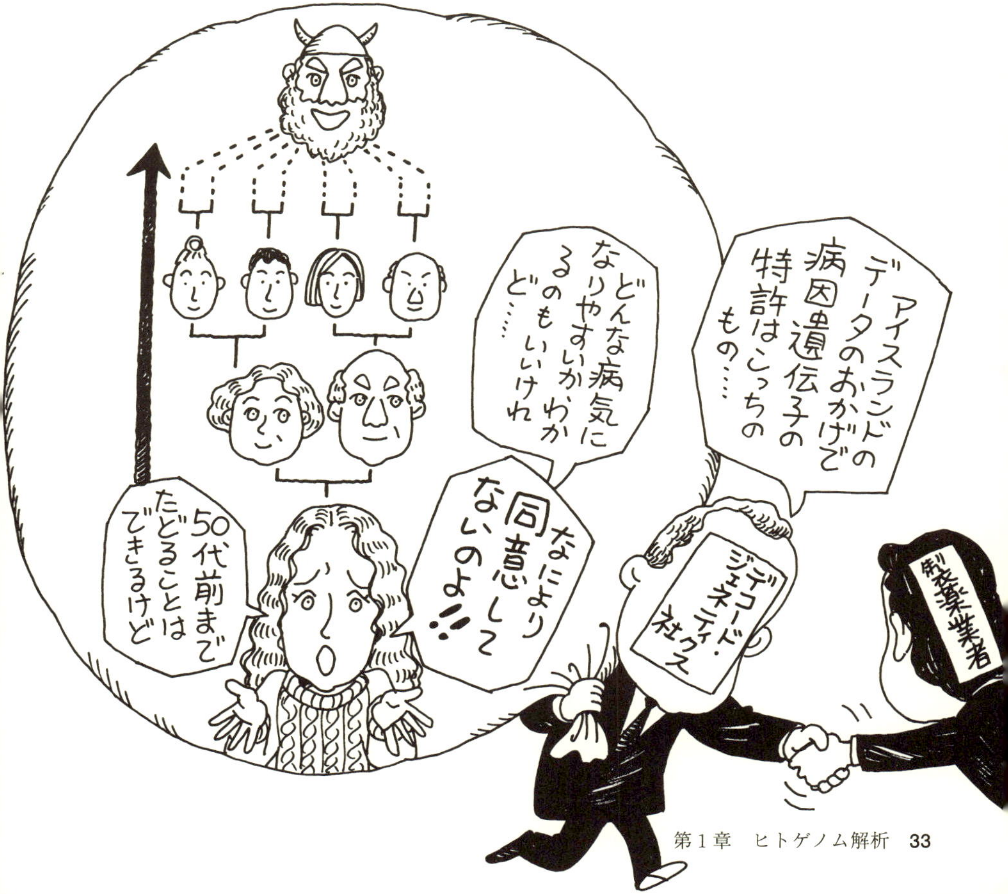

遺伝子産業スパイ事件

遺伝子をめぐっては産業スパイ事件も起きています。

2001年５月、アメリカのオハイオ州連邦地検が、理化学研究所の日本人研究者・岡本卓氏を「産業スパイ法違反」の罪で起訴しました。かつて勤務していたクリーブランド・クリニック財団の研究所からDNA試料などの研究材料を盗み、日本に持ち込んだというのです。カンザス大助教授の日本人男性・芹沢宏明氏も共犯として起訴されました。

理研の岡本氏は同研究所に勤め、痴呆症を引き起こすアルツハイマー病治療薬の研究をしていました。地検の主張では、岡本氏は理研に移籍する直前の1999年７月、研究所に保管されていたDNAや細胞株などを盗み出して箱に詰め、研究者仲間である芹沢氏に預け、同年８月に再渡米して、必要な試料だけを日本に持ち帰ったといいます。地検はDNAなどの研究材料は研究所の財産であり、これを持ち出して日本に持ち込んだことは産業スパイに当たると判断しました。理研による岡本氏への事情聴取では、岡本氏は「DNA試料を米国から理研に持ち込んだことも、研究に使ったこともない」と否定しました。

その後の裁判でも、岡本氏や芹沢氏は無罪を主張したのですが、ここでは、その背景に注目してみましょう。

この事件が起きた背後には、アメリカのプロパテント（特許重視）政策があります。1980年代、アメリカは日本や東南アジア各国の経済発展に追いつか

れ、貿易収支の赤字に苦しんでいました。そこでアメリカは、特許を中心とした工業所有権の保護を強化しなければならないと考え、レーガン大統領以来、歴代大統領が国内の知的所有権を保護する政策を次々と打ち出しました。そのなかでとくに力を入れて保護しなければならないとみなした分野が、コンピュータとバイオテクノロジーなのです。

この事件で、アメリカ側に日本を陥れようとした意図があったかどうかはわかりません。しかし、事実経過でわかるように、背後にはバイオ特許の競争激化があります。日本側にそうした状況に対する認識の甘さがあったことは間違いありません。同時にこの事件によって、遺伝子の産業的価値の高さがあらためて浮き彫りになりました。

米連邦地検
日本人研究者2人起訴
産業スパイ罪
DNA持ち出す

あのね、時代が時代なんだからさ……
もうちょっと遺伝子とかの産業的価値の認識をあらたにしてよ
はあ……
考え方、甘いんじゃないの？

生命保険と遺伝子診断

ヒトゲノム解析研究により、今後、病気にかかわる遺伝子が次々と発見されるでしょう。その応用方法の一つに遺伝子診断があります。遺伝子診断が保険や雇用に導入されると、非常に大きな問題が生じます。

2000年10月13日、イギリス保健省の遺伝子・保険委員会は、保険会社が生命保険の保険料を設定するときに、加入者がハンチントン病にかかる危険性を知るために、遺伝子診断の結果を利用することを認めると発表しました。

ハンチントン病とは、重い遺伝病の一種で、中年以降に発症する神経疾患です。同委員会は、家族性アルツハイマー病や遺伝性乳がんなど7種類の遺伝病についても適用を検討しています。遺伝子診断の結果を商業的に利用することが公的に認められたのは、イギリスが世界で初めてです。

同委員会は今回の決定の理由に、ハンチントン病の遺伝子診断が信頼できることなどを挙げています。

家族に遺伝病患者がいる人は、雇用や保険加入において、いわれのない差別を受けることがあるとアメリカなど

で報告されてきました。遺伝子診断を受けて「発症する可能性は低い」という結果が出れば、晴れて通常の保険に加入できることになります。しかし、「発症する可能性が高い」という結果が出たら——より高額な保険料を求められるか、または加入自体を拒絶されるでしょう。そうした人々への救済措置を用意していないのに、イギリス政府は保険会社にだけ権利を認めてしまったのです。差別ではないかという批判が内外からあることはいうまでもありません。

日本でも、同じような問題が起こる可能性はぬぐいきれません。生命保険協会医務委員長の諮問機関としてつくられた研究会が1996年にまとめた報告書『遺伝子検査と生命保険』には、「(遺伝子検査の結果は)保険会社も知る権利がある」と明言されています。

日本でも、遺伝情報と保険をめぐる議論は始まったばかりで、技術が進歩する速度に追いついていないのが現状です。ヒトゲノム解析研究の成果はさらなる問題の火種をばらまく可能性もあるのです。

君はお兄さんを救うために生まれた

遺伝子診断のなかでも、子どもや大人ではなく、受精卵に行なうことを着床前診断といいます。体外受精でつくった受精卵に、病気の原因となる遺伝子があるかどうか遺伝子診断を行なって、ないことがわかったものだけを子宮に入れて妊娠させるという方法です。親族に深刻な遺伝病患者がいる人たちにとって有用であるといわれる一方、そうした技術が歓迎される背景には障害者差別があり、優生思想につながる技術であるという批判も根強くあります。

この技術は、ある遺伝的条件を排除するだけでなく、獲得することにも用いられています。

2002年２月、イギリスの病院で、ある両親が白血病の男の子の治療に必要な臍帯血《さいたいけつ》を確保するために、まず体外受精を行なって、胚の白血球の型が息子と一致することを遺伝子診断で判別してから妊娠、出産しました。世界で２例目だといいます。

両親は、この赤ちゃんは「デザイナー・ベビー」ではない、と述べています。デザイナー・ベビーという言葉に厳密な定義があるわけではありません。“容姿や知能、健康状態を両親の希望通り、出生前に決定されて生まれた赤ちゃん”ぐらいの意味でしょう

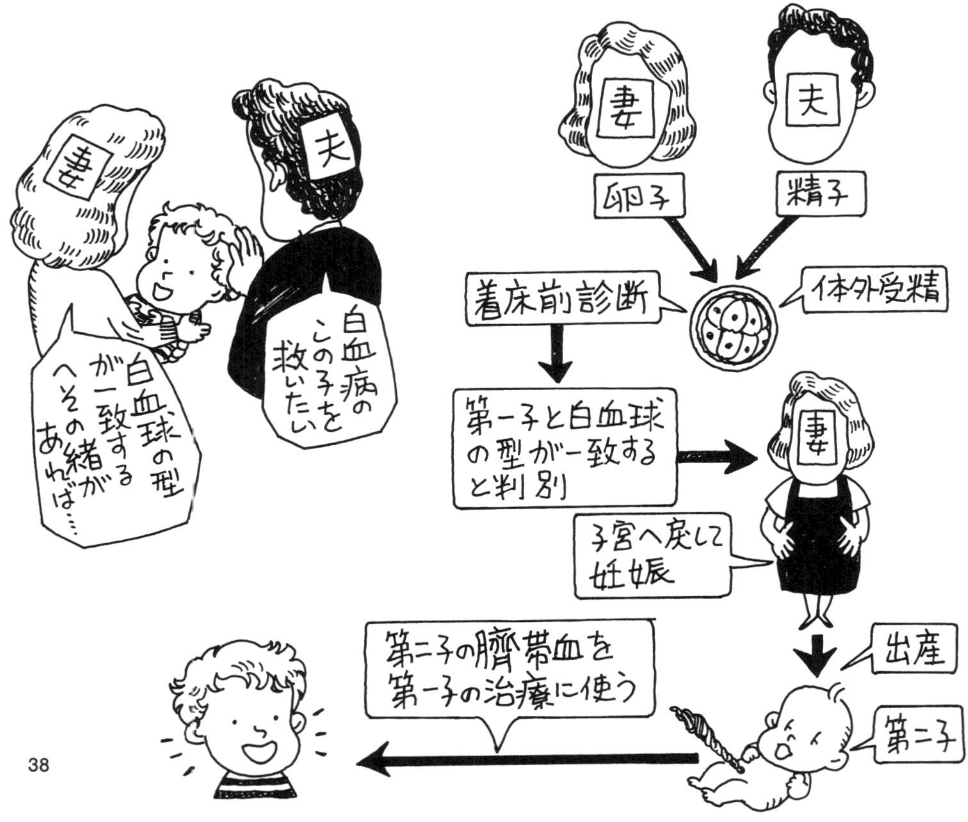

（第５章参照）。今回のケースは、両親が最初の子どもを救うために２番目の子どもの遺伝的特徴を決定したとはいえそうです。

日本を含む世界各国で、ヒトクローン個体（いわゆるクローン人間）をつくることが禁止され始めていますが、その理由の一つは、人間のアイデンティティの根幹である「唯一性」と「偶然性」を壊し、人間を道具化することにつながるという論理です。この論理を当てはめてみると、イギリスのケースは、「唯一性」や「偶然性」を全面的に壊したわけではありませんが、最初の子どもを救うという目的で「道具化」されて遺伝的に選択したといえなくはありません。

しかし、最初の子どもの遊び相手となるきょうだいをつくることが目的で、２番目の子どもをつくることが認められる以上、何の問題もないという意見もあります。

人の誕生にかかわる技術は、一度でも適用されてしまうと、それによって生まれた子どもが存在することになりますので、根本的な批判はしにくくなります。せめて私たちがじっくりと考えるための時間が欲しいのですが、それすらも難しいのが現実です。

ヒトゲノム解析研究の成果は、こうした問題を引き起こす情報源ともなりえます。

相次ぐ無断解析事件

病気と遺伝子との関連を探る研究は、たいへん問題の多いやり方で行なわれてきました。

2000年２月初め、大阪府吹田市にある国立循環器病センターが、集団検診で集められた血液の遺伝子を被験者に無断で解析していたことが『毎日新聞』の報道によって発覚しました。

同センターは1989年から、吹田市の住民約5000人に協力を求め、高血圧などとライフスタイルとの関連を研究するため、健康診断を実施していました。共同研究をしている大阪大学医学部がその住民の血液を使い、高血圧や動脈硬化に関連する遺伝子を解析しました。しかし、同意文書には、遺伝子を解析することの説明はありませんでした。同センターは説明会を開き、住民に謝罪しました。

その前後、東北大学大学院や九州大学医学部、エイジーン研究所、横浜市立大学などが提供者の同意を得ることなく、血液などの遺伝子を無断で解析していたことが次々と明らかになりました。

その後、『毎日新聞』のアンケート

調査で、全国43大学の医学部が、国の指針（後述）が作成される前から遺伝子解析研究を実行していたことが明らかになりました（同紙2000年５月７日）。

62大学分の有効回答のうち約７割の大学（43大学）で、少なくとも166件の研究が学内の倫理委員会で承認されて行なわれていました。国立循環器病センターで明らかになった無断解析について尋ねてみると、回答した倫理委員長59人のうち76％（45人）が同意なしでは「認められない」と答え、３人が「研究のためで仕方がない」と答えました。過去に採取された試料を研究に使う場合、「新たに同意を取り直すべきだ」と回答したのは10人のみでした。35人は「倫理委員会に任せるのが妥当」と回答しました。

がん遺伝子の解析研究など、倫理委員会の承認なしに行なわれていた研究も数件あったといいます。

各医療機関には、これまでさまざまな目的で採取された血液が大量に眠っています。

ところが一連の発覚事件の後、それらを提供者の同意なしに遺伝子解析研究に使うことは正当化されてしまいました。

「倫理指針」が意味すること

ヒトゲノムや遺伝子を解析する研究は、2001年３月施行の「ヒトゲノム・遺伝子解析研究に関する倫理指針」によって規制されます。

1999年12月、首相の諮問機関・科学技術会議（現・総合科学技術会議）の生命倫理委員会によって、ヒトゲノム研究小委員会が設置されました。同委員会は審議を重ね、ヒトゲノム研究の“憲法”となる「ヒトゲノム研究に関する基本原則」を2000年６月14日に策定しました。

引き続き2001年３月29日、厚生労働省が事務局となり、ヒトゲノム解析研究に関する共通指針検討委員会が「ヒトゲノム・遺伝子解析研究に関する倫理指針」を策定しました。この指針はヒトゲノム・遺伝子解析研究すべてを対象とし、厚生労働省だけでなく、文部科学省や経済産業省の管轄でもあるため、「三省共通指針」と呼ばれます。ヒトゲノムを研究する研究者たちはこの指針を守らなければならないことになったのです。

しかし、この共通指針には多くの問題があります。

前述した通り、各地の医療機関には、これまで検査などで患者から採取された血液などの試料が眠っています。そのほとんどは、提供者から遺伝子を解析するという同意は得られていないものでしょう。ところが共通指針は、それらを研究に使うことを、倫理審査委員会の承認を得ることなど条件付きながらも認めています。たとえば、提供時に「医学的研究に用いることに同意する」というように、遺伝子解析を明示していない同意のみを得ている試料であっても、その遺伝子を解析することは許されるのです。しかし、一般的な研究に使うことには同意しても、遺伝子を解析することには同意しない提供者がいることは十分に考えられるでしょう。しかも指針は、検査や手術で採取された組織や血液、つまりどんな研究に使うことも前提にしていない試料についても、その遺伝子を解析することを認めているのです。

つまり各地で発覚した“遺伝子無断解析事件”は、この指針によって“事件”ではなくなったのです。一人ひとり名前も顔もある人々の遺伝子をタダで入手し、研究資源や産業資源にすることを、政府が認めたのです。

coffee break

バイオ研究は「健康寿命」のために

日本の科学技術政策を決める最高機関・総合科学技術会議は、さまざまな審議会を毎日のように開催しています。その一つ「重点分野推進戦略専門調査委員会ライフサイエンスプロジェクト」で、気になる議論がありました。手短にいえば、財務省にバイオ研究の予算請求をするに当たり、どのような研究に国の予算を使ったらいいか方向づけることが目的の会合です。

その中で本庶佑プロジェクトリーダーは「健康な生活を妨げているのは何かという分析をしなければなりません。QOL（クオリティ・オブ・ライフ）を高めるというのがこのプロジェクトの旗印。QOL を高めるための重点的領域を策定しないといけない」と述べました。すると別の委員がそれを受けて「健康寿命は平均寿命よりも短い。その差は、要するに寝たきりなのです。ここを少なくするにはどうしたらよいか」と提起しました。

死ぬまでぴんぴんしていて、ある日、ぽっくりと死ぬ。家族や国家に負担をかけずに生き、そして死ぬのが理想というわけです。QOL は「生活の質」とも訳せますが「生命の質」とも訳せます。公衆衛生や医療のレベルが上がり、平均寿命が延びれば、がんやアルツハイマーなどの加齢病が増加するのは当たり前です。健康寿命が平均寿命よりも短い人は今後ますます増えます。食品業界や製薬業界にとってはそうした人々は大きな市場となり、そのためにバイオ研究が進められるのです。

そこには私たちが病気や病院とどうつきあっていくべきかという発想はありません。

第2章

クローン技術

クローンヒツジ「ドリー」誕生

1997年2月27日、イギリスのロスリン研究所のイアン・ウィルムットらは世界で初めて、体細胞を使ったクローン動物をつくったと発表しました。クローンヒツジ「ドリー」の誕生です。この研究は著名な科学誌『ネイチャー』誌上で発表されました。ウィルムットらが行なった実験はどのようなものだったのでしょうか？　前述しましたが、もう一度順を追って述べてみましょう。

ドリーの誕生には、3頭の雌ヒツジが関係しています。ウィルムットらはまず、成長した雌ヒツジ①の乳腺細胞を取り出し、5日間培養しました。その間、栄養などを抑えた条件(後述する血清飢餓培養)で培養してやると細胞は分裂をやめ、遺伝子の働きが「初期化」されました。その一方、別の雌ヒツジ②から卵子(未受精卵)を取り出して、マイクロピペットと呼ばれる道具で核を取り除きました。核を取り除いた未受精卵のことを、除核未受精卵といいます。

次に彼らは、雌ヒツジ①の乳腺細胞と雌ヒツジ②の除核未受精卵とを電気ショックで融合させました。これを核移植といいます。5～6日経ってから、細胞分裂を繰り返した細胞を代理母となる雌ヒツジ③の子宮に移植しました。その代理母ヒツジの子宮から誕生したのが、体細胞クローンヒツジ「ドリー」です。

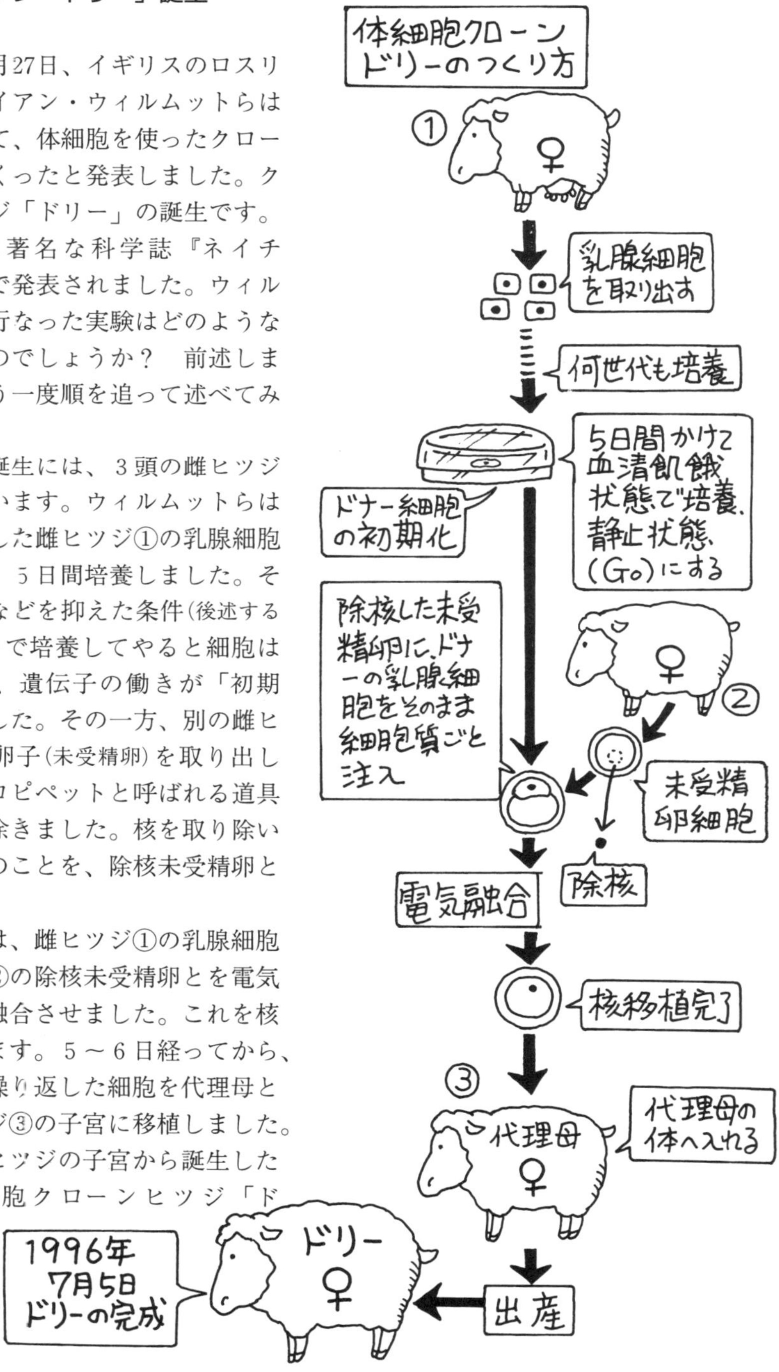

高等生物では、体細胞の初期化が難しく、体細胞クローン動物をつくることは困難だと思われていました。ポイントは体細胞を「血清飢餓培養」という特殊な条件で培養することです。

血清飢餓培養とは、培養細胞を栄養の足りない状態にすることです。通常の細胞は、分裂状態か、分裂を準備している状態かどちらかにあります。しかし培養に必要な血清濃度を通常の10％から0.5％にしてやり、一種の飢餓状態にしてやると、このどちらにも属さない休止状態(静止期)になるのです。ウィルムットたちが哺乳類での体細胞クローン個体を誕生させることに成功したのは、この休止状態を人工的につくり出してやる培養方法がポイントであるといわれています。

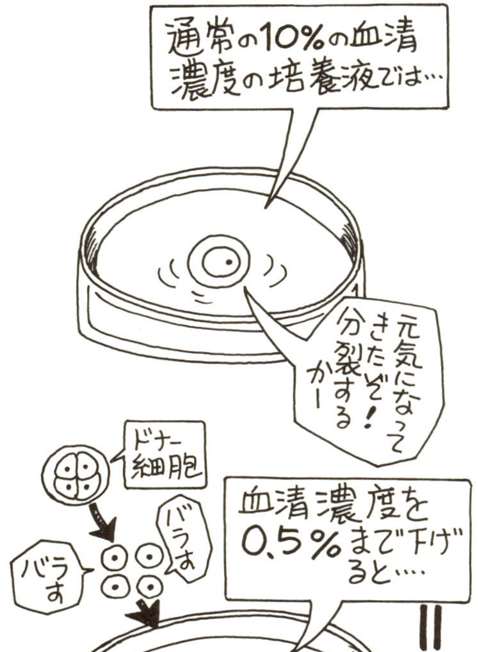

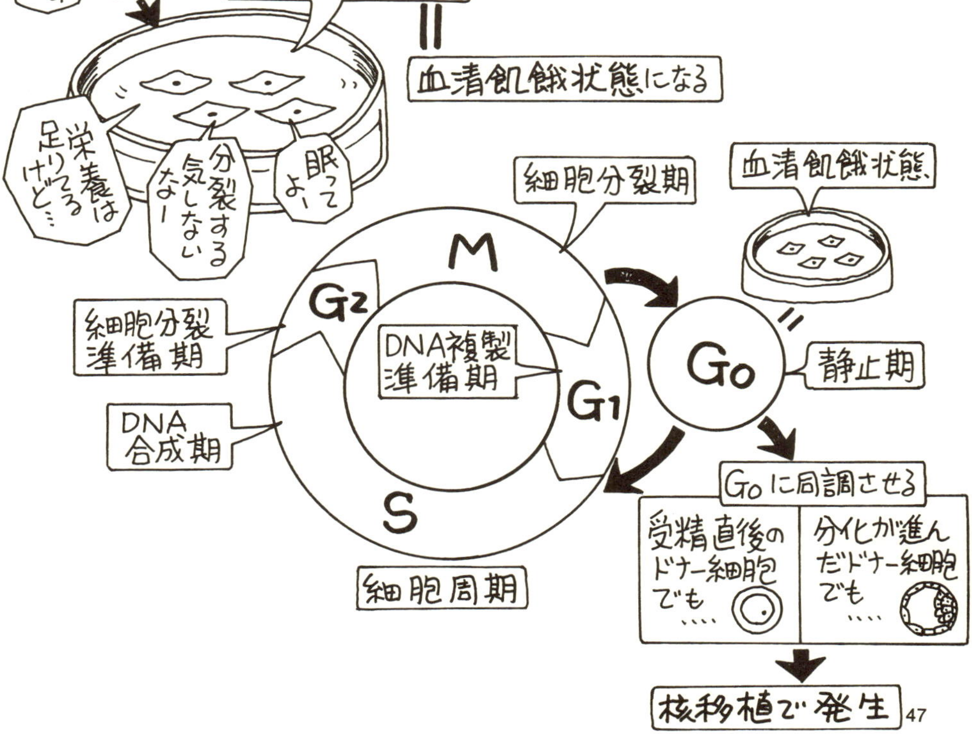

受精卵クローンと体細胞クローン

ロスリン研究所の成功は、どのような点で画期的だったのでしょうか？日本国内でもドリー誕生以前に何頭も生まれているクローンウシや、ロスリン研究所の発表直後に明らかになった、アメリカのクローンサルなど、従来のクローン技術とはどのように違うのでしょうか？

従来のクローン動物のつくり方は、まず通常の受精卵を細胞分裂させた後、そのうち一つから核を取り出します。その核を、別の雌から取り出して核を取り除いた未受精卵に移植します。そうしでできた胚が成長して生まれるのが「受精卵クローン」と呼ばれる“旧式の”クローン動物です。アメリカのオレゴン地域霊長類研究センターで生まれた２頭のクローンサルは、この方法で生まれました。

1997年８月６日、全国農業協同組合連合会（全農）はこれを一歩進めた方式で、黒毛和種のクローンウシを誕生させたと発表しました。この方法では、受精後７日目の卵の内部から、将来胎

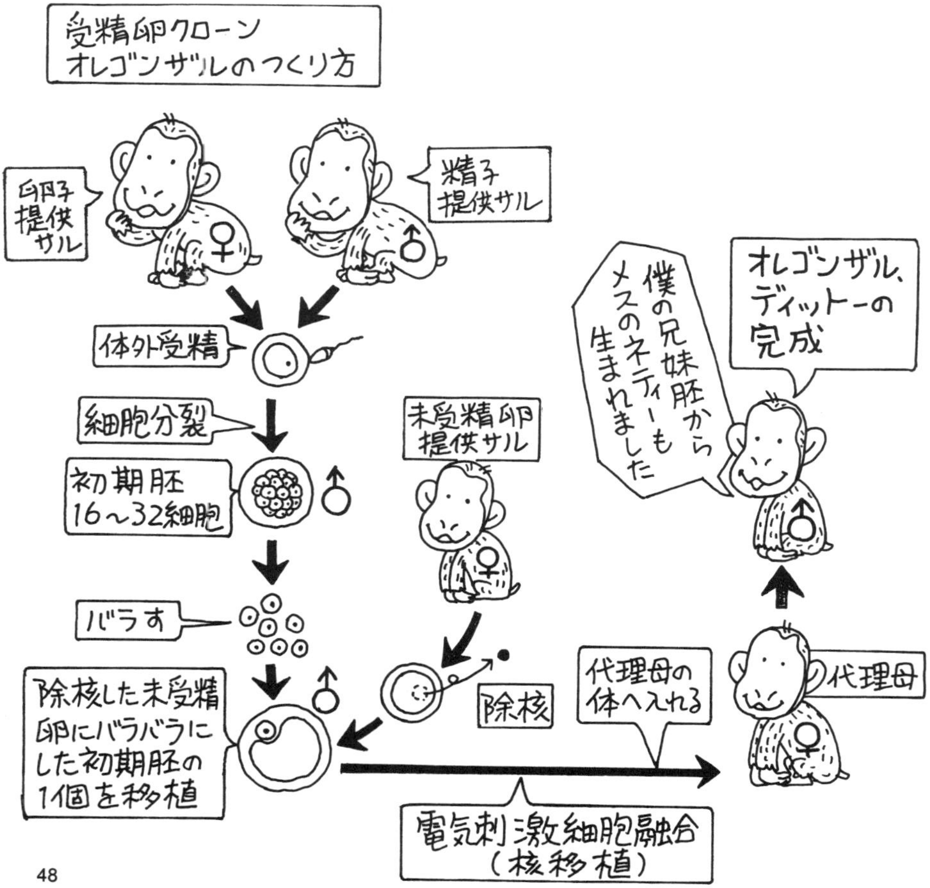

児になる部分の細胞群を取り出します。これを培養して増殖させてから一つひとつの細胞に分離し、除核未受精卵に移植、代理母となる雌ウシの子宮に戻して出産させます。肉の味がよいウシを数百頭単位で誕生させることも不可能ではなくなるといいます。

ドリーをはじめとする「体細胞クローン」と呼ばれるクローン動物が、受精卵クローン動物と決定的に違う点は、雄の介在なしで生まれた点にあります。ドリーには父親がいないのです。

それに比べて、受精卵クローン動物のもととなる受精卵は通常の交配によってできたものなので、ちゃんと父親が存在します。１個体とまったく同じ遺伝情報を持つ子どもが生まれたわけではありません。父親と母親の遺伝情報が“混ざって”います。この点ではいわゆる双子や三つ子と変わりません。ところがドリーは、乳腺細胞の持ち主である雌ヒツジとまったく同じ遺伝情報を持って生まれたから、注目を集めたのです。

遺伝子改変動物

クローン動物を研究する目的は、実は、遺伝情報がまったく同じ動物、つまりクローン動物をつくることというよりも、何らかの方法と目的で遺伝子を改変した動物を量産することです。

動物の遺伝子を操作する方法には、大きく分けて二つの方法があります。

一つは、トランスジェニック(遺伝子組み換えとも訳されますが、正確には遺伝子導入)という方法で、単に目的の遺伝子を目的の細胞に導入することです。組み込まれた遺伝子は、染色体のどの部分に組み込まれるかわからないのが短所です。染色体には組み込まれず、そのまま目的のタンパク質を発現させるという方法もあります。

しかし、この方法では、目的のタンパク質が発現する場所をコントロールできないので、生まれてくる動物に先天障害が生じやすいことが指摘されています。たとえば1980年代、アメリカ農務省の研究者によって、成長が速く

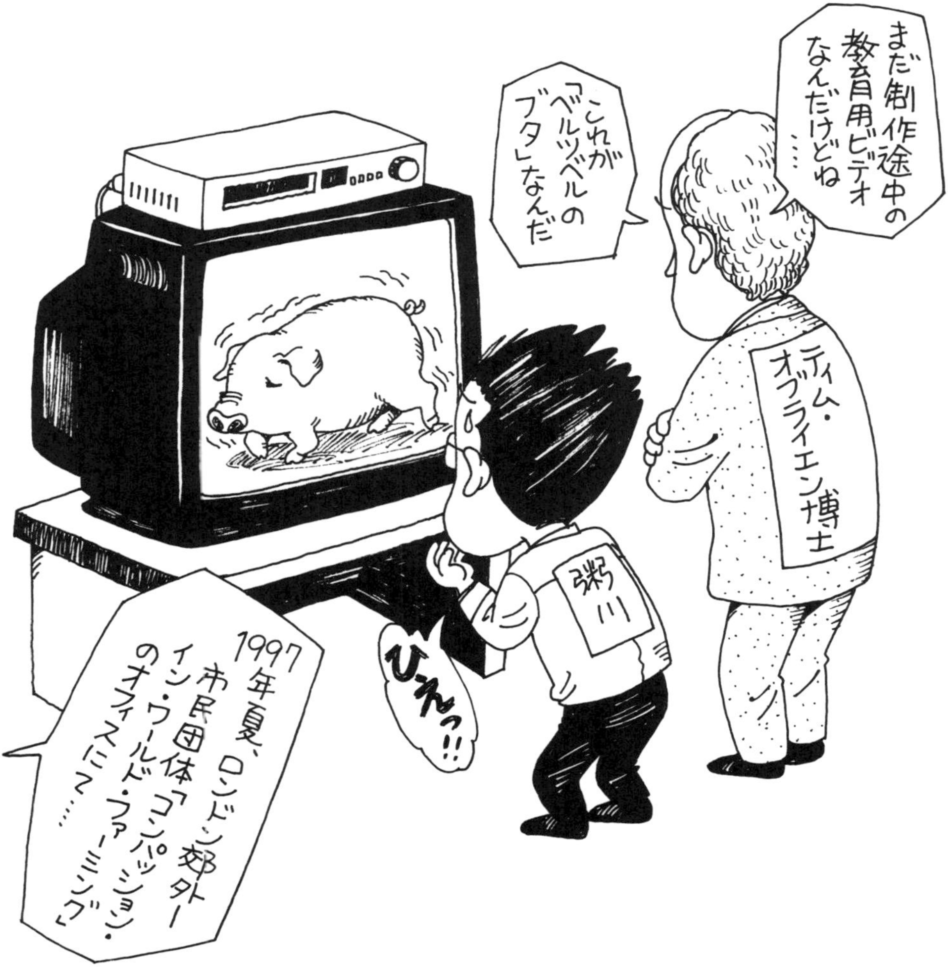

なるように、ヒトの成長ホルモンの遺伝子を組み込まれたブタは、重度の関節炎などを患ってしっかりと歩くことができず、目もよく見えなかったといいます。このブタはテレビなどでもショッキングに取り上げられ、農務省がある地名から「ベルツベルのブタ」と呼ばれました。

もう一つの方法は、相同組み換えという方法です。染色体のねらった位置で遺伝子を組み換えることができることが特徴です。相同組み換えを行なうには、目標の位置のDNAと、前後の塩基配列が似た人工遺伝子をつくり、それを目的の細胞に組み込んでやります。真ん中に何のタンパク質もつくらない“空の”DNAを入れておくことを「ノックアウト」といいます。特定の遺伝子の働きを止める遺伝子操作の手法です。逆に、何か目的のタンパク質をつくる遺伝子を挟み込んでおくことを「ノックイン」といいます(しかし「ノックイン動物」という言葉は、なぜかあまり聞きません)。

ノックアウト
マウスの特定の遺伝子
マウスの特定の遺伝子の働きを止める

ノックイン
マウスの特定の遺伝子
導入遺伝子
導入したい部分のマウスの特定の遺伝子の働きを止めるので、導入遺伝子だけが働く

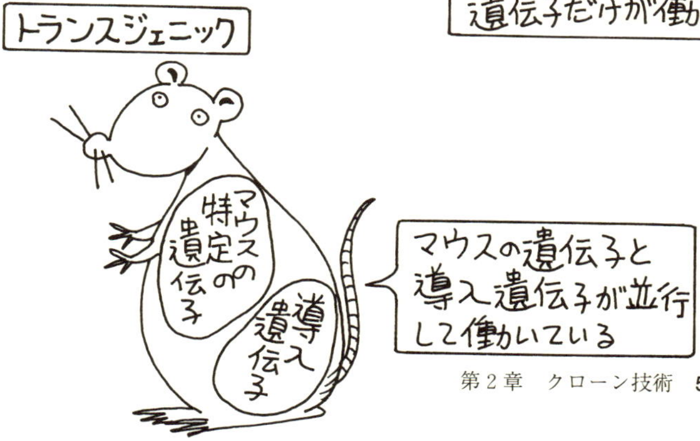
トランスジェニック
マウスの特定の遺伝子
導入遺伝子
マウスの遺伝子と導入遺伝子が並行して働いている

クローン技術、ES細胞を応用

ヒトの病気を研究するために、特定の遺伝子の働きを人工的に止めたマウスがつくられています。「ノックアウトマウス」といいますが、これを例にとって見てみましょう。

ノックアウトマウスをつくるには、まず働きを止めたい遺伝子と前後の塩基配列が似た人工遺伝子をつくります。この遺伝子は本物の遺伝子のようにタンパク質をつくることができません。この人工遺伝子をマウスの受精卵に導入すると、相同組み換えが起き、塩基配列が似ている部分が入れ替わります。この部分の遺伝子は働かなくなり、本来つくられるべきタンパク質がつくられなくなるのです。この受精卵を培養し、代理母の子宮に戻してやれば、理論的には、ノックアウトマウスが生まれます。

しかし、相同組み換えの成功率は非常に低く、数百個から数千個に1個の割合でしか、組み換えが起きないといわれています。そこでその効率を上げる方法が考え出されました。

一つは、体細胞クローン技術を使うことです。受精卵と違って数をいくらでも確保できる体細胞に、目的の人工遺伝子を組み込んで、その中から相同組み換えの起こった体細胞だけを選びます。それを除核未受精卵に移植（核移植）し、それを培養し、代理母の子宮に戻してやるという方法です。

もう一つは、ES細胞（胚性幹細胞）を使うことです。ES細胞とは、胚に由来し、あらゆる臓器や組織になる能力を秘めたまま、無限に増殖する能力を持つ特殊な細胞のことです（次章でもっと詳しく述べます）。ES細胞に目的の遺伝子を組み込み、相同組み換えが起こったものだけを選んで、それを別に用意した胚盤胞に導入してやります。これを培養し、代理母の子宮に戻してやると、ES細胞と胚盤胞との二つの遺伝形質が混ざった「キメラマウス」が生まれます。このキメラマウスを通常のマウスと掛け合わせると、特定の遺伝子の働きを失ったノックアウトマウスが生まれるのです。現在、ノックアウトマウスをつくるには、この方法が用いられています。

もちろん体細胞にしてもES細胞にしても、ノックアウトだけでなく、トランスジェニックやノックインを行なうこともできます。

ES細胞を使ったノックアウトマウスのつくり方

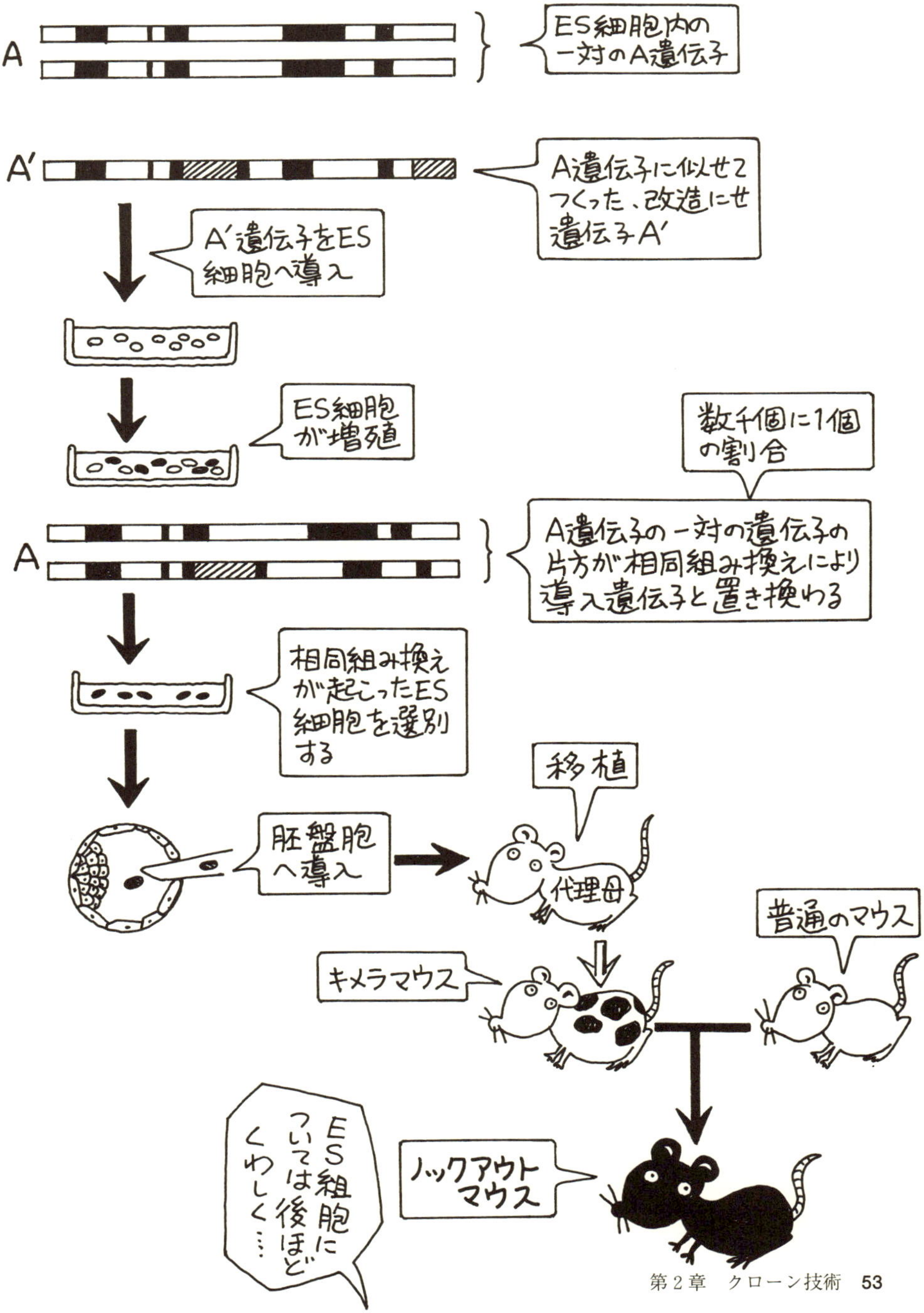

A
ES細胞内の一対のA遺伝子
A′
A遺伝子に似せてつくった、改造にせ遺伝子A′
A′遺伝子をES細胞へ導入
ES細胞が増殖
数千個に1個の割合
A
A遺伝子の一対の遺伝子の片方が相同組み換えにより導入遺伝子と置き換わる
相同組み換えが起こったES細胞を選別する
移植
胚盤胞へ導入
代理母
普通のマウス
キメラマウス
ノックアウトマウス
ES細胞については後ほどくわしく…

ヒト疾患モデル動物

ノックアウトマウスなど遺伝子改変動物やクローン動物の研究目的を少し見てみましょう。

その一つに「ヒト疾患モデル動物」の生産があります。ヒトの病気の予防や診断、治療の実験に役立てられるように、ヒトの病気と似たような症状が起こるように遺伝子を操作した動物のことです。

代表的なものに、がんになりやすいように遺伝子を組み換えられたマウス「オンコマウス」があります。がんの原因となる遺伝子のことを「オンコジーン(がん遺伝子)」といいますが、この言葉とマウスを合わせた言葉です。がんの原因となる遺伝子を組み込まれたり、がんを抑える働きがある遺伝子を前述のノックアウトという手法で働かなくしてあるマウスです。

有名なオンコマウスとして「ハーバードマウス」がよく知られています。これは、ハーバード大学のフィリップ・レーダーがニワトリやヒトのがん関連遺伝子を導入してつくったマウスで、がんにかかりやすいために、各種の発がん物質のリスクを試験するため

に使えるとされた実験動物です。このマウスは1988年４月、アメリカ特許庁が動物を特許として、世界で初めて認めたものとしても有名です。ハーバードマウスという名前が付いてはいますが、この特許のライセンスは、研究者に資金を提供した化学企業デュポン社が取得しました。

ほかにもSV40というがんウイルスから切り取られた遺伝子を組み込んだマウスや、P53というがんを抑える遺伝子をノックアウトしたマウスなど、数え切れないほどのオンコマウスがつくられています。

がん以外にも、遺伝病の症状を示すマウスや、ヒトのウイルスに感染するマウスなどがヒト疾患モデル動物として、遺伝子組み換え技術でつくられています。珍しいところでは、筋肉の成長を調整する遺伝子をノックアウトされて、筋骨隆々となったマウスが、筋ジストロフィーなど筋肉に関係する病気の研究に役立つ実験動物としてつくられています。なかには、本気で精神病のモデル動物となるマウスをつくっている研究者もいます。

動物製薬工場

クローン動物研究の大きな目的の一つに「動物製薬工場」があります。遺伝子組み換え技術を用いて、ミルクの中に人間用の医薬品になるタンパク質を含むヒツジやヤギをつくるという研究が、1980年代初頭から行なわれてきました。こうした動物のことを「動物工場」もしくは「動物製薬工場」といいます。

世界初の体細胞クローン動物「ドリー」の誕生に資金を提供したPPL社とロスリン研究所は、1991年、ヒトのアルファ1アンチトリプシンというタンパク質をミルク中に分泌するヒツジを開発しました。アルファ1アンチトリプシンとは、不足すると肺気腫や肝硬変の原因となるタンパク質です。白人男性には生まれつきこれをつくることのできない遺伝性疾患の患者が多いといいます。

ドリーを誕生させた実験も、動物製薬工場の基礎研究の一環でした。1997年12月、PPL社とロスリン研究所は、ヒトの遺伝子を組み込んだクローンヒツジ「ポリー」を誕生させることに成功したと発表しました。組み込まれた遺伝子は、ヒトの血液を凝固させるタンパク質をつくるものです。研究者らはヒツジの胎児の体細胞(皮膚細胞)にその遺伝子を組み込み、別のヒツジの除核未受精卵に移植しました。生まれたヒツジが出すミルクの中にはヒトの血液凝固因子が含まれていました。血友病の治療薬を大量につくることが期待されています。

さらに1999年4月には、アメリカのベンチャー企業ジェンザイム・トランスジェニック社の研究者らが、ヒトの遺伝子を組み込んだクローンヤギを誕生させたと発表しました。組み込まれたのは、ヒトの血液が凝固するのを抑える抗トロンビン3というタンパク質をつくる遺伝子です。これを体細胞に組み込み、さらにそれを除核未受精卵に移植してクローン胚をつくり、代理母の子宮に移植しました。生まれたヤギのミルクには抗トロンビン3が含まれていたことが確認されました。

その後もいくつかの研究機関で、遺伝子を組み換えたクローンヒツジやクローンブタが生まれました。動物製薬工場でつくられた医薬品の臨床試験も始まっています。

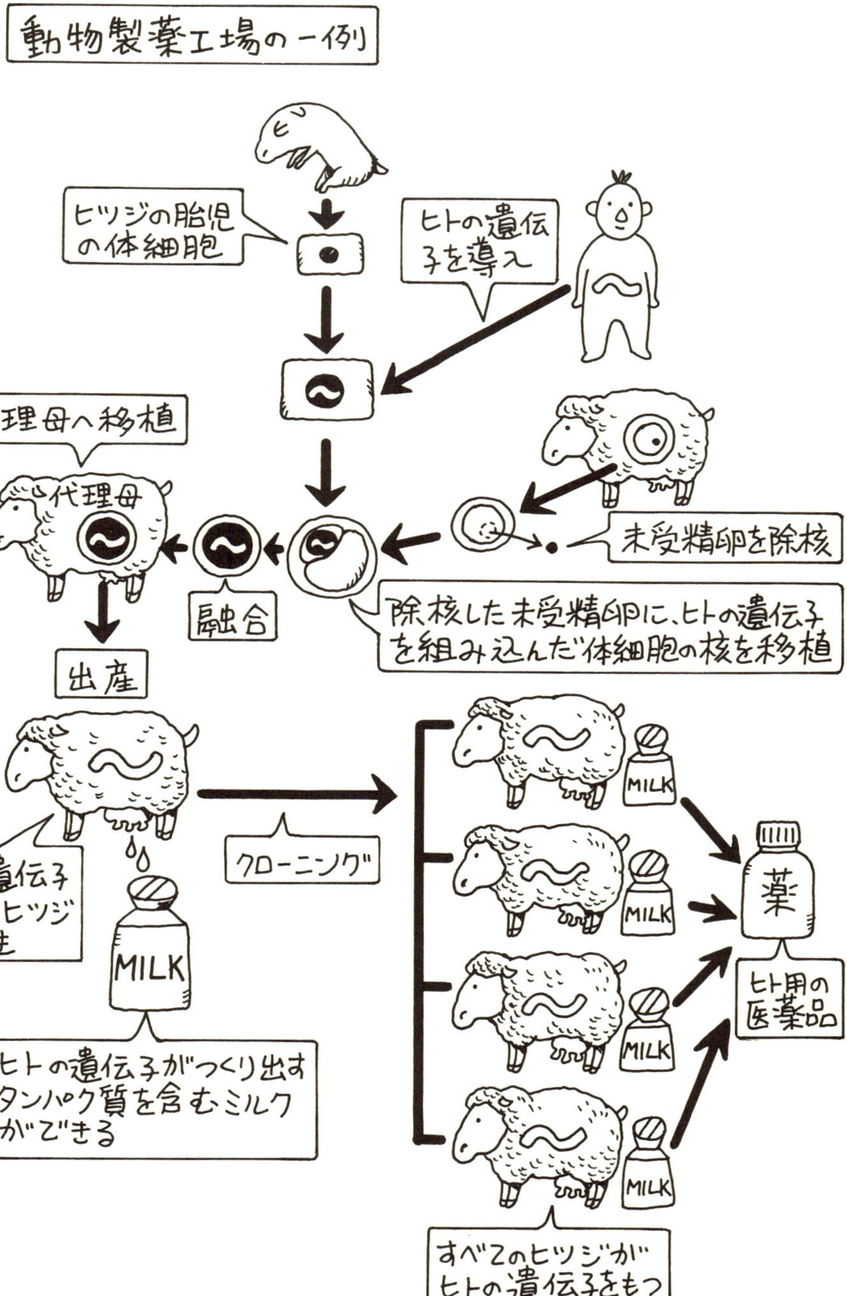
動物製薬工場の一例
ヒツジの胎児の体細胞
ヒトの遺伝子を導入
代理母へ移植
代理母
未受精卵を除核
融合
除核した未受精卵に、ヒトの遺伝子を組み込んだ体細胞の核を移植
出産
ヒトの遺伝子をもつヒツジの誕生
MILK
クローニング
ヒトの遺伝子がつくり出すタンパク質を含むミルクができる
MILK
MILK
MILK
MILK
薬
ヒト用の医薬品
すべてのヒツジがヒトの遺伝子をもつ

異種間移植

動物からヒトへの臓器移植を「異種間移植」といいます。クローン動物を開発するもう一つの目的は、異種間移植に使える臓器、つまりヒトに移植しても拒絶反応を起こさない臓器を持つ動物をつくることです。

2000年3月14日、ドリー誕生に資金を提供したイギリスのPPL社は世界で初めて、成長した雌ブタの体細胞を使ってクローンブタをつくり出すことに成功したと発表しました。

さらに2002年1月3日には、遺伝子組み換え技術で拒絶反応を起こさないようにしたクローンブタを誕生させたことを発表しました。拒絶反応の原因となる遺伝子を、狙った位置で組み換える方法(相同組み換え)でノックアウトしたのです。同社の研究者らは、数年以内にヒトでの臨床応用を行なうといいます。

クローン豚の拒絶反応抑制
移植用臓器の開発加速
英社と米韓チーム
2002年1月3日
わたしゼナでーす
なぜブタかっていうと、臓器の大きさがヒトに近いからなんだって！いやんなっちゃう〜
2000年8月
国内初のクローン豚
世界2例目 名は「ゼナ」
臓器移植に応用も
農水省畜産試験場
2000年11月
ゼナはイヌのようになつっこかった
粥川
農水省畜産試験場
日本だって頑張ってます!!

しかし異種間移植には、拒絶反応と並んで問題となることがもう一つあります。それは病原体の感染です。とりわけ問題なのは「内在性レトロウイルス」です。内在性レトロウイルスとは、レトロウイルスと呼ばれる種類のウイルスの一形態で、生物の染色体 DNA の一部として存在している状態のものをいいます。その生物の先祖にレトロウイルスが感染し、その遺伝子がそのまま生殖細胞に組み込まれ、子孫にまでその塩基配列が温存されてきた結果であるといわれています。ブタなど異種間移植のドナーの対象となる動物にはもちろん、ヒトの DNA にも存在しています。その生物にはまったく無害な存在である一方、ほかの生物種に感染した場合には、再び活性化して新しいウイルスを生み出し、がんなど病気を引き起こす能力を持っているのです。

実際、1997年と2000年には、試験管内で培養していたブタの細胞中の内在性レトロウイルスが、ヒトの細胞に感染しうることが実験で確認され、学術誌で発表されました。いまのところ内在性レトロウイルスの感染を防ぐ方法は開発されていません。

インパクトが大きい研究だけに、慎重な態度が望まれることはいうまでもありません。

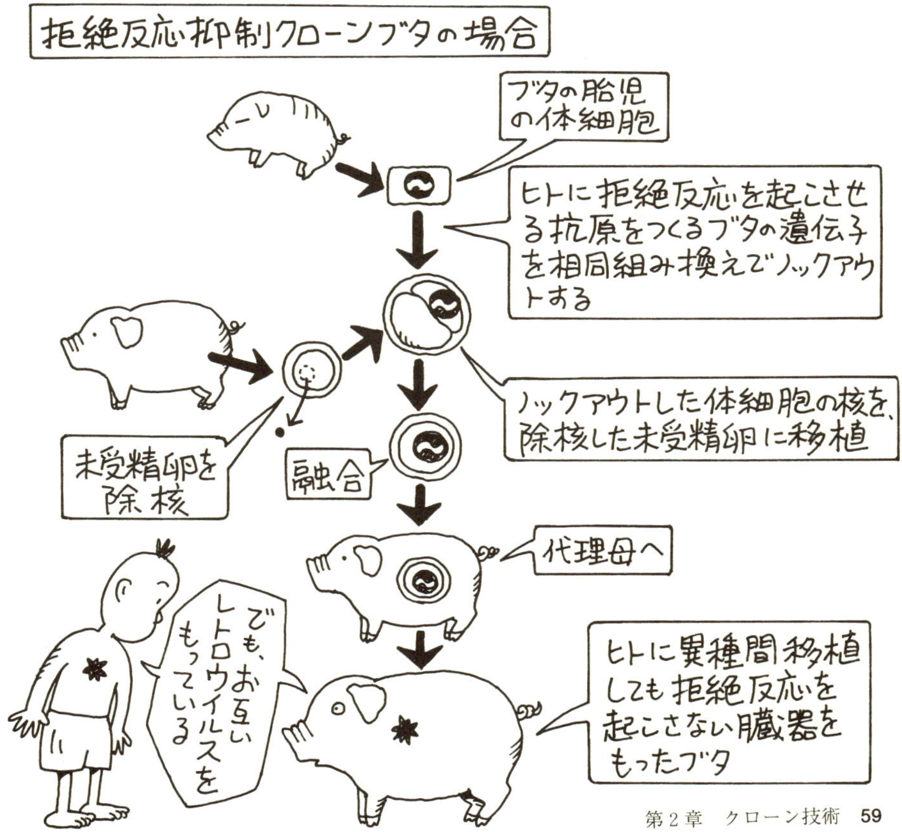

拒絶反応抑制クローンブタの場合
ブタの胎児の体細胞
ヒトに拒絶反応を起こさせる抗原をつくるブタの遺伝子を相同組み換えでノックアウトする
ノックアウトした体細胞の核を、除核した未受精卵に移植
未受精卵を除核
融合
代理母へ
ヒトに異種間移植しても拒絶反応を起こさない臓器をもったブタ
でも、お互いレトロウイルスをもっている

クローン動物は死亡率が高い

しかし体細胞クローン動物をこうした目的に使用するには、まだ大きな技術的限界があります。それは死亡率の高さです。

1998年7月5日、石川県畜産総合センターで、日本で初めての体細胞クローン動物であるウシ「のと」と「かが」が誕生しました。それ以来、国内では2000年10月末までに192頭の体細胞クローンウシが生まれ、90頭が順調に育ちました。しかし『朝日新聞』(2000年12月22日夕刊)によれば、事故で死んだり、計画的に殺処分した例などを除くと、85頭が死産または生後半年以内に死んだといいます。全体の44％に当たる数字です。このうち27頭は死産、40頭は生後10日以内に死にました。なお、「死産」には流産は含まれません。死んだウシには、造血系や免疫系の器官、胎盤、甲状腺などに異常が見つかったことが報告されています。その後も同じ傾向が続いています。

異常はクローンヤギでも報告されています。2000年11月12日、農水省畜産

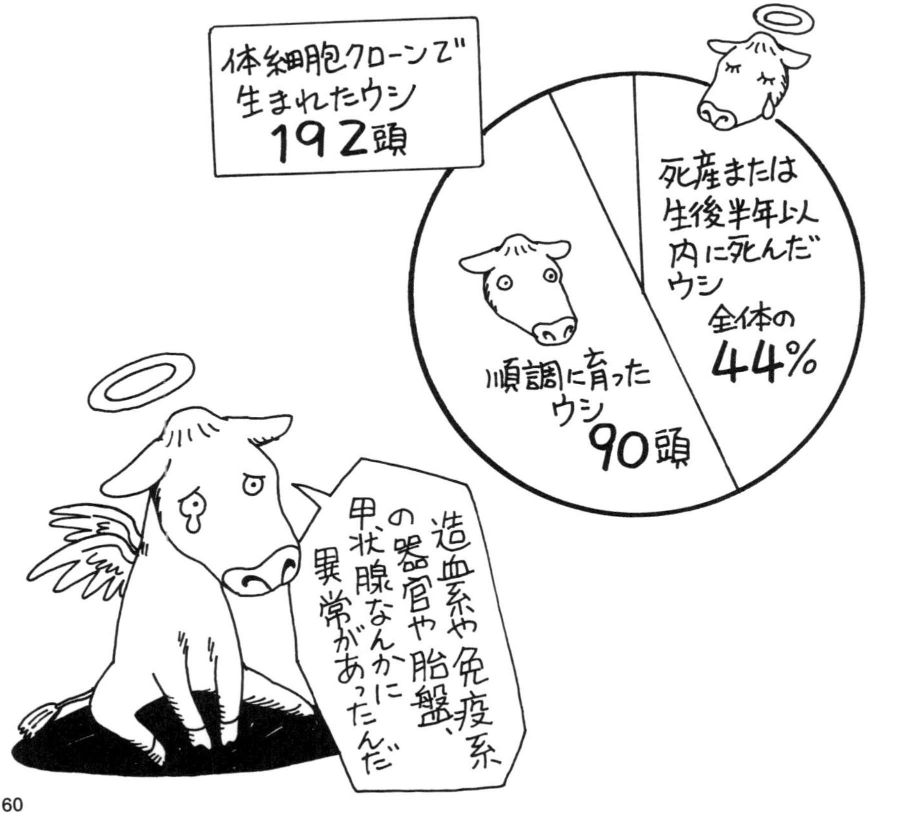

試験場で、日本で初めての体細胞クローンヤギが誕生しました。研究者らは、生後6カ月のヤギから、成長ホルモンを分泌する脳の下垂体前葉細胞を採取し、それを核を除いた未受精卵に移植して、代理母のヤギに仔ヤギを産ませました。しかしこのクローンヤギは同月28日に心不全で死にしました。

農水省畜産試験場（現・動物衛生研究所）の久保正則病理診断研究室長がこのクローンヤギの病理診断を行なったところ、肝臓と腎臓、肺、リンパ節、精巣の精管の周囲に、本来ないはずの骨髄系の造血細胞が異常に増えていたことがわかりました（『朝日新聞』2000年12月22日夕刊）。白血球が大量に増えていて、白血病のような状態になって貧血を起こしていたともいいます。肝臓と腎臓では糖の代謝の異常も見られました。

海外からも同様の現象が報告されています。これらの異常がクローンで生まれたことによる結果なのかどうかははっきりしません。しかし、少なくとも現在行なわれているクローンのやり方には「生物学的な無理があるのではないか」と指摘する研究者もいます。

ドリーは６歳で生まれた!?

さらに、初期化されても体細胞の年齢はゼロまで戻ってはいないのではという疑問も出されました。つまり、体細胞クローンで生まれた動物は、生まれたときから体細胞側の動物の年齢ではないのか、ドリーは生まれたときから６歳なのではないか、と疑われたのです。もしそうだとすれば、体細胞クローン動物は、通常よりも寿命が短くなる可能性もあります。

ロスリン研究所と PPL 社の研究者らはこのことを確かめるために、ドリーと、ドリーと同じ年齢のヒツジたちの細胞の「テロメア」の長さを比べてみました。テロメアとは、細胞中にある染色体の末端部分にある領域のことで、細胞が分裂するたびに短くなります。なくなるとその細胞は死んでしまうことから、「老化の目印」とも呼ばれています。研究の結果、ドリーのテロメアは普通のヒツジよりも２割ほど短く、細胞レベルでは、６歳のヒツジのものと同じぐらいの長さでした。同じ年齢のヒツジたちよりもずいぶん老化が進んでいることがわかったのです。

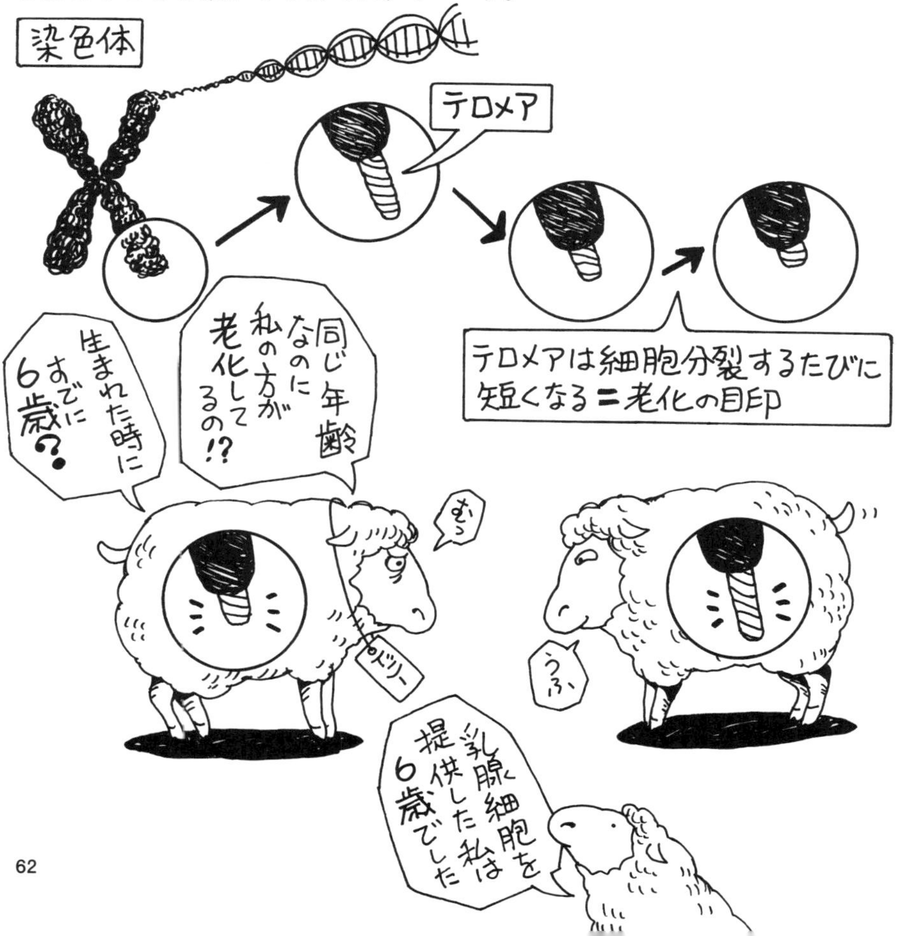

ただしテロメアが短いからといって、個体としての寿命が短くなるということは科学的に証明されていません。むしろ体細胞クローンで生まれた動物は、普通の受精で生まれた動物よりも長生きかもしれないと示唆する研究結果を、アメリカのバイオ企業が発表したこともあります。

一方、2002年２月、小倉淳郎・国立感染症研究所獣医科学部室長らが、体細胞クローンマウスは短命であることを明らかにしました。

『CNN オンライン』２月11日付などによると、普通のマウスはほとんどが800日以上生き続けましたが、クローンマウスは800日足らずのあいだに12匹中10匹が死んだといいます。そのうち６匹は、重い肺炎や肝不全を起こしていることが判明しました。免疫機能が普通よりも低下した可能性もあるといいます。

体細胞クローンウシでも免疫器官の異常が報告されています。小倉室長は記事で「体細胞クローンの寿命は、クローンを作る操作そのものでなく、移植核を取り出した細胞の種類などに左右されている可能性がある」とコメントしています。

短命なクローンマウスを確認
クローンは長生き?
牛の細胞若返る
クローン羊のドリーとは逆
私は長生き?
それとも早死に?

クローン人間誕生計画

そのような状況の中、いくつかのグループがヒトクローン個体(いわゆるクローン人間)を誕生させる計画があると発表しました。

2000年10月、スイスに本拠地を置き、かねてからヒトクローン個体づくりを計画していた“異星人を迎える国際的非営利市民団体”「ラエリアン・ムーブメント」は、医療過誤によって命を落とした生後10カ月の赤ちゃん(アメリカ人)の細胞を使って、ヒトクローン個体をつくると発表しました。報道によると、すでに女性会員50人が代理母になることを申し出ているといいます。彼らはヒトクローン個体をつくるための会社「クローンエイド」を設立しました。その資金はアメリカ人の資産家(死んだ赤ちゃんの父親)から提供されたといいます。彼らはアメリカ政府を相手に訴訟を起こし、ヒトクローン個体づくりを禁止する法律を憲法違反だと認めさせてから、それを開始するつもりだといいます。

その翌月の11月13日、アメリカ生殖医学会の倫理委員会は、子どもができない夫婦がクローン技術を使って赤ち

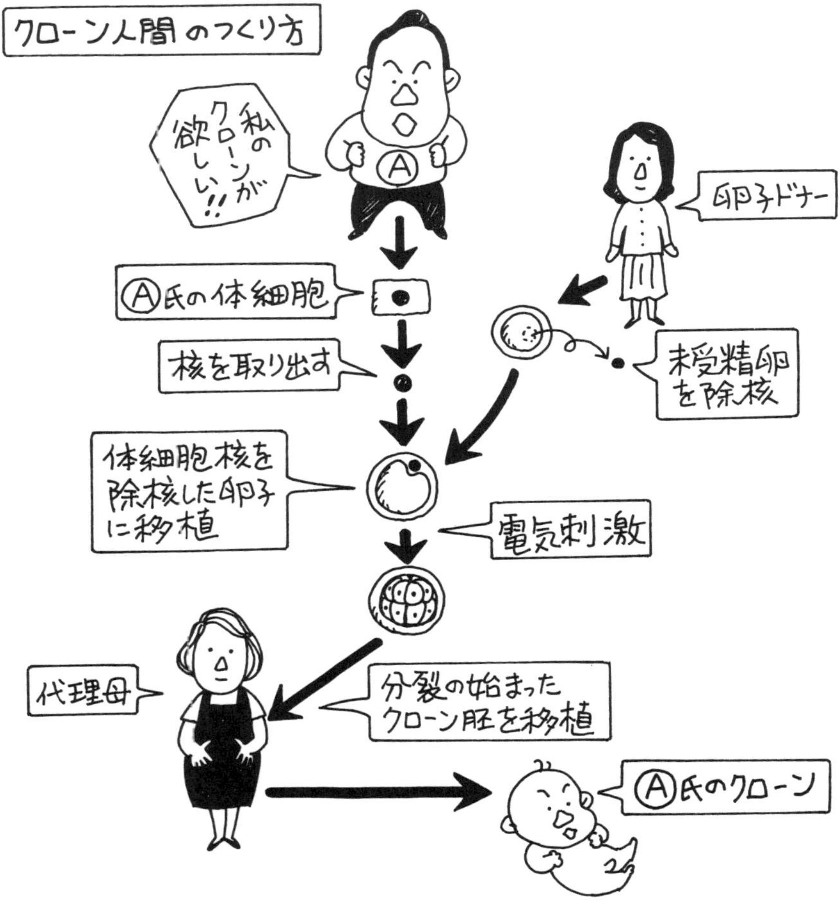

ゃんをつくることは時期尚早であり、倫理上認められないとする見解を表明しました。

それでも2001年1月末には、ケンタッキー大学のパノス・ザボス教授がイタリアの不妊治療医セベリノ・アンティノリほか各国の医師や研究者と協力してヒトクローン個体を誕生させる計画があることを明らかにしました。

『ワシントンポスト』やCNNなどの報道によると、ザボス教授は男性不妊の研究者であると同時に不妊治療クリニックや精子検査会社の経営にも携わっているといいます。

アンティノリ医師も、閉経後の60代の女性を妊娠させるなど数々の新しい生殖技術を行なったことで著名な人物であるといいます。

彼らの計画は、無精子症の夫の体細胞から核を取り出し、それを妻の除核未受精卵に移植するというものです。彼らは法規制のない国か、公海上で計画を実施するつもりだと述べています。

しかし、体細胞クローン技術がまだかなり未熟な技術であることは、これまで見てきた通りです。

クローン人間「11月着手」伊の医師
イタリア医師ら
クローン人間計画
危険指摘も聞き入れず
「クローン人間1、2年で」
米・伊専門家
不妊治療で誕生計画
ラエリアン・ムーブメントのラエルです
2000年中にクローン赤ちゃんを披露しますま
準備は万端!!
お騒がせ
アンティノリ医師
ザボス教授

クローン妊娠報道、世界を走る

そして本書執筆中の2002年４月５日、イタリア人医師のセベリノ・アンティノリがアラブ首長国連邦で行なった講演の中で、クローン技術を使って女性を妊娠させることに成功したと公表し、翌日、世界中のメディアがその後を追って報道しました。

情報の流れ方を見ると、まずアラブ圏の新聞『ガルフ・ニューズ』が報じた記事を、ロシアの通信社タス通信とイギリスの科学雑誌『ニューサイエンティスト』が追ったのがきっかけのようです。各国のマスコミがそれらを紹介したうえで、独自に取材を開始しました。各社ともアンティノリをつかまえようとしましたが、現在（５月末）にいたるまで、はっきりしたことはわかっていません。

その後、妊娠中のヒトクローン個体の体細胞核を提供したのは「あるイスラム教の国」に住む「裕福で重要な男性」であると報道されました。資金はその男性から出ているといいます。これもまた、イタリア人ジャーナリストがアンティノリからそのように聞いたと、イギリスの『サンデーテレグラフ』が報じ、それをまた世界中のメディアが報じたようです。伝聞の伝聞な

クローン技術で人の妊娠成功？

伊の医師発表とタス

【モスクワ5日＝共同】5日のアブダビ発のタス通信によると、クローン人間計画の推進者であるイタリア人医師セベリノ・アンティノリ氏はアブダビでの講演で、クローン技術による妊娠に成功し、現在8週間に達していると発表した。アラブ首長国連邦のガルフ・ニューズ紙の報道として伝えた。

詳しい経過については全く不明。事実とすれば、史上初のクローン人間が年内にも誕生する可能性がある。

同医師はパノス・ザボス元米ケンタッキー大教授らと、不妊カップルのためのクローン人間づくりに取り組んでいる。昨年も着手する方針を示していたが、実際には着手していなかったことが明らかになっている。

クローン人間づくりについては、倫理に反するとの立場から批判が強まっている。

『朝日新聞』2002年 4月6日付

ので、いったいどこまでが事実なのかわかりません。
　さらにその後の報道で、ヒトクローン個体を妊娠したとされる女性は体細胞核を提供した男性の妻ではなく、この計画に協力しているグループの女性の１人であること、男性の妻はホルモンなどの状態が条件に適さないとして、はじめからクローン胚を試さなかったこと、アンティノリらは核を除いた卵（除核未受精卵）に体細胞の核を移植した「クローン胚」を約10人の女性の子宮に移植し、そのうち１人だけが着床に成功したこと、彼らは卵の提供協力者を1000～2000人確保していること、提供された卵を、クローン胚をつくるのに適しているかどうかふるい分けすることには世界各地の研究者が参加していること、西日本のある大学に勤務していた外国人医師がそれに協力していたということ、などが伝えられました。さらにヒトクローン個体を妊娠している女性は３人で、そのうち１人は中東、２人はロシアにいる、とアンティノリが述べたとも伝えられました。
　いずれにしろ第三者の研究者が、体細胞核を提供した男性と生まれた赤ちゃんにDNA検査を行なって、同一のDNAを持っていることを確認しない限り、証明にはなりません。

クローン・ベビー妊娠で女性ががんに!?

これまでヒトクローン個体については、先天異常や死亡率の高さなど、生まれてくる子どもに対する“安全性”ばかりが訴えられてきました。アンティノリらがヒトクローン個体を妊娠させたという報道のなかで、クローンの子どもを孕《はら》んだ女性にがんが発生しやすくなる可能性もあると指摘する専門家も現れてきました。

オックスフォード大学の動物学者で、英国学士院のクローンに関するワーキンググループで議長を務めるリチャード・ガードナーは、クローンの赤ちゃんを妊娠した女性は「絨毛膜癌腫《じゅうもうまくがんしゅ》」というがんの一種にかかりやすくなる、とマスコミなどで述べています。

ガードナーによると、胎盤における遺伝子発現の異常と、この種のがんとのあいだに関連性が見出されたことがあるといいます。通常の妊娠ならば、「インプリンティング」という機能によってOFFになっている遺伝子が、クローンではCNになり、そのために胎盤の発生に異常が起きて、母親にも危険性がおよぶというのです。動物実験では、体細胞クローン動物が生まれるときにつくられる胎盤は、通常よりも大きくなることがよく知られています。

ただし2002年4月12日付のBBCの記事では、インペリアルカレッジ特別研究員のローズマリー・フィッシャーが「胚のクローンは遺伝子の異常な発現をもたらすかもしれないし、その結果、母親に絨毛膜癌腫を起こすリスクが高くなるかもしれない」と言いつつも、これは「早期に発見できれば治療できる」とも述べています。「女性のなかには、それを払うに値する対価だと考える人もいるかもしれない」。

こうしたリスクがあることがわかれば、クローンの研究者らは、それを防ぐためのノウハウを考えるでしょう。それをクリアできない限り、クローン動物を畜産や医療に応用できないからです。そうして考え出されたノウハウは、たいていヒトにも応用できます。すると「母親ががんになる！」という批判は無意味になります。ガードナーにしろ、それを報じたマスコミにしろ、この問題を指摘したことは評価できます。しかしこの問題を、ヒトクローン個体をつくってはならないという根拠にすることはできません。

クローンの妊娠で母体はがんにかかりやすくなる
リチャード・ガードナー
私は私のクローンが欲しい!!
リスクがわかっているならクリアすればいい
たしかに遺伝子の異常な発現の恐れがある
しかし、治療は可能だ
ローズマリー・フィッシャー
私は私の子どもが欲しい!!
人は良くも悪しくも、可能性があれば、あきらめないもの……
子どもが持てるならリスクは覚悟の上よ!!

クローン人間論争の陥穽

2001年８月３日、新宿のセンチュリーハイアットでラエリアン・ムーブメントの記者会見が開かれました。その席上で彼らの代表であるラエル氏は、次のように言いました。

「もしも赤ちゃんが完璧に生まれることがなかったら、赤ちゃんは生まれてこない。とても早い段階で(赤ちゃんが健康かどうかは)技術的に判明できる。正常でないことがわかったら、生まれてこない。私たちは中絶の権利を主張している。新しい技術によって、安全な中絶が可能なのです。今後生まれてくる子どもたちは、通常の性交で生まれてくるよりも、精神的にも肉体的にも、健康なのです。障害を持つ人々が何千何万と生まれているのに、誰もセックスを禁止しようとは言わないですね。これはダブルスタンダードです」

イタリアの産婦人科医アンティノリらも、全米科学アカデミー主催の討論会で「遺伝子検査で異常のある胚」は取り除くと明言しています（『朝日新聞』2001年8月10日夕刊）。

これらの発言は重要です。つまり、着床前診断（胚段階での遺伝子診断）もしくは出生前診断で先天障害の有無を検査することが前提となっているのです。この事実は注目に値します。

マスコミ報道の焦点は“安全性”の問題へ集中しました。しかしこの場合、“安全”であるということはいったいどういう意味でしょう？　それは健康な子ども、“五体満足”の子どもが生まれるということです。

安全性の問題をヒトクローン個体づくりを禁止する根拠にすることには無理があります。技術的限界は、技術が進歩すれば消滅します。そのときには禁止の根拠もなくなるのです。生まれる子どもが“五体満足”であることが確実であれば、何の問題もないということになります。実際、日本の研究者が体細胞クローンマウスの生存率を9割まで上げることに成功しています。

真に批判すべきなのは、ヒトクローン個体をつくろうとしている者たちの生命観です。彼らはヒトクローン個体をつくったとき、何らかの障害を持つ子どもが生まれることを“失敗”とみなしているのです。つまり優生学的な価値判断を前提としているのです。クローン動物の研究者もマスコミも、それを指摘しないことは残念です。

coffee break

社会ダーウィニスト・小泉純一郎

小泉純一郎首相は、2001年９月に行なわれた所信表明演説で次のように述べました。

「この世に生き残る生き物は、最も力の強いものではない。最も頭のいいものでもない。変化に対応できる生き物だ」

これは進化論の提唱者チャールズ・ダーウィンの引用だといいます。この直前に小泉首相は、

「私は、変化を受け入れ、新しい時代に挑戦する勇気こそ、日本の発展の原動力であると確信しています」

とも述べています。つまり彼のいう「変化」とは、いわゆる構造改革であり、グローバリゼーションと称される新自由主義経済の拡張のことでしょう。小泉首相はここで、ダーウィンが自然界について述べた理論（適者生存）をそのまま社会にあてはめようとしています。

しかしグローバリゼーションに柔軟に対応できるのは、結局のところ、「力の強い」（＝経済力のある）、「頭のいい」（＝情報収集能力のある）者でしょう。それに対応できない個人や国は、経済格差に甘んじるか、テロや犯罪に走るしかありません。小泉首相の論理は、19世紀の社会ダーウィニストたちがダーウィンの進化論を社会に当てはめ、階級制度や社会的不平等を正当化した論理と基本的には同じです。

小泉首相がダーウィンを引用することには周囲から反対もあったらしいのですが、彼の発言で、日本の支配層の本音が透けて見えました。所信表明では「ライフサイエンスの国際拠点形成」も述べられています。

第3章

ES 細胞

再生医療とは何か？

ここ最近、「再生医療」もしくは「再生医学」と呼ばれる新しい医療分野が注目を集めています。再生医療とは、ごく簡単にいえば、病気やケガで失った組織や臓器の機能を回復させるために、本人または他人の細胞を取り出して培養し、それを患者に移植するという治療手段のことです。

たとえば、トカゲのしっぽは切られてもすぐに生えてきます。ヒトでも小さな傷ならやがて治ります。しかし大きな傷や働かなくなった臓器はそう簡単には治りません。そこで医学研究者たちは人工臓器や他人からの臓器移植の技術を開発してきました。ところが臓器を完全に代替できる人工臓器はなかなか実現しません。臓器移植の場合もドナー（臓器提供者）の絶対的な不足に加えて、患者と適合するドナーが見つかるとは限らないなど多くの問題があります。そのうえ脳死移植の場合には、他人の死を待たなくてはならないという根本的な問題が存在します。たとえ移植を受けられたとしても、副作用も指摘されている免疫抑制剤を死ぬまで飲まなくてはなりません。

ところが、人体がもともと持っている再生能力をうまく引き出してやれば、これまで不可能と思われていた組織や臓器の再生も可能であることが、発生学などの研究によって明らかにされてきました。こうした知見の積み重ねが、従来の臓器移植や人工臓器に代わる再生医療という概念を誕生させたのです。いま、再生医療は新しい医療技術として期待されており、テレビや新聞などマスコミでもたびたび取り上げられています。

再生医療には「自家移植」と「他家移植」があります。自家移植とは、患者本人の細胞を取り出し、それに何らかの加工を施したり、量を増やしたりしてから、再び患者の体に移植することです。それに対して他家移植とは、他人の細胞を取り出してきて、それに何らかの加工を施したり、量を増やしたりしてから、患者の体に移植することです。後者の場合、多くのドナーから細胞を集めて「バンク」のようなものをつくり、患者それぞれに適合するように、必要に応じてそこから細胞を選び出し、患者に移植するという手順が行なわれます。

でも、現時点では他人の死を待ったり、免疫抑制剤の副作用に悩まされたり…

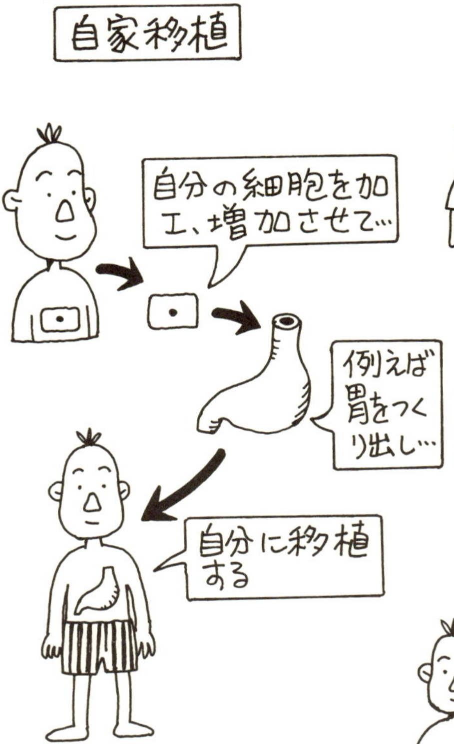
自家移植
自分の細胞を加工、増加させて…
例えば胃をつくり出し…
自分に移植する

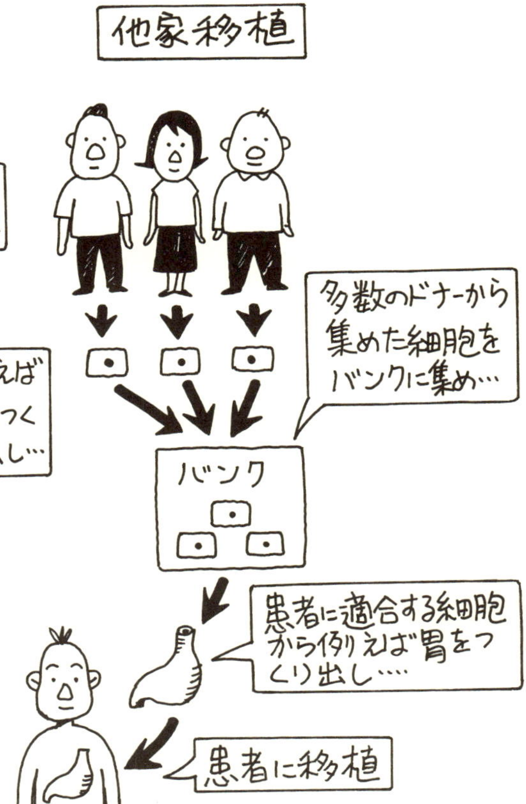
他家移植
多数のドナーから集めた細胞をバンクに集め…
バンク
患者に適合する細胞から例えば胃をつくり出し….
患者に移植

ES 細胞の登場

こうした再生医療に注目が集まるきっかけとなったのは1998年11月、ベンチャー企業から資金を提供されたアメリカの研究者らが世界で初めて、ヒトの ES 細胞の樹立に成功したと発表したことです。

ES（Embryonic Stem）細胞とは、「胚性幹細胞」と訳され、発生初期の胚（受精してから子宮に着床するまでの卵）からつくられる特殊な細胞のことです。ES 細胞には大きな特徴が二つあります。一つは身体のあらゆる臓器や組織に分化する能力「多能性」です。もう一つは多能性を秘めたまま無限に増殖できるという能力「不死性」です。通常の細胞は一定の回数分裂するとそれ以上は分裂できません。がん細胞など不死性を持つほかの細胞では染色体の数が通常の数から増減することが多いのですが、ES 細胞は通常の状態を維持し続けます。だから ES 細胞は、マスコミなどでは「万能細胞」などとも呼ばれています。

ＥＳ細胞をつくるには、ヒトでは受精後５～７日の「胚盤胞」と呼ばれる初期胚の内部を使います。マウスでは1981年に初めてつくられ、トランスジェニック（遺伝子導入）マウスの産生などに利用されています。それ以来、ES 細胞または後述する EG 細胞は、ニワトリ、ミンク、ハムスター、ブタ、アカゲザル、キヌザルですでに報告されています。なおアカゲザル、キヌザルは後述するトムソンらが報告しました。

この ES 細胞にある条件を与えてやれば、目的の組織や臓器だけをつくることができ、たとえばパーキンソン病や糖尿病などの治療に役立つと期待されています。クローン技術と組み合わせれば、患者と同じ遺伝情報を持ち、拒絶反応を起こさない組織や臓器をつくることもできるとされています。

だが、ES 細胞をつくるためにはどうしても胚を壊さなくてはなりません。また、ヒトクローン個体（クローン人間）につながりうる「クローン胚」からも ES 細胞をつくることができるとされています。こうしたことから ES 細胞にも倫理的な問題が起こる可能性があり、何らかの規制が必要だという議論が高まったのです。

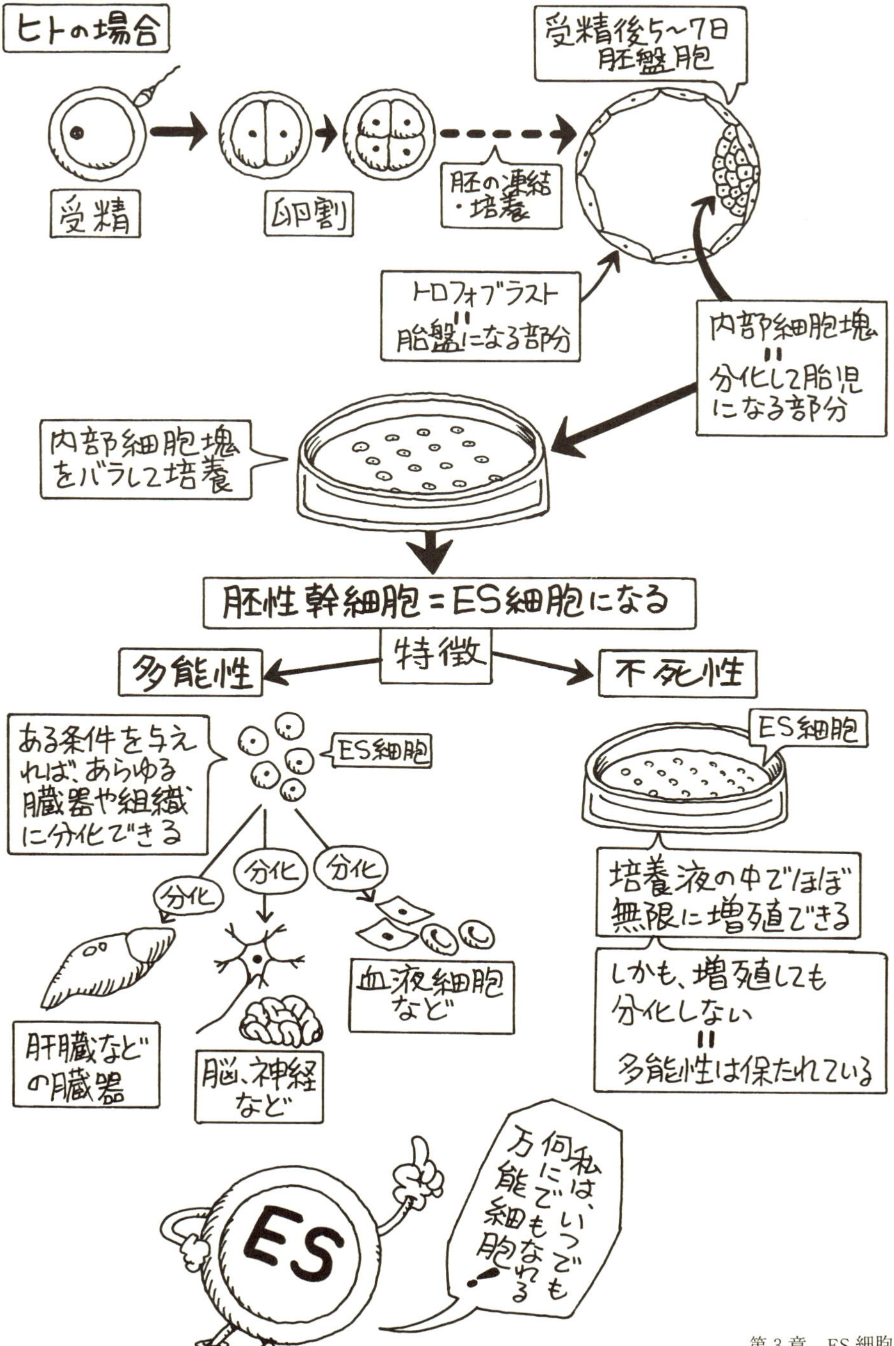
ヒトの場合
受精後5〜7日
胚盤胞
受精
卵割
胚の凍結・培養
トロフォブラスト
＝
胎盤になる部分
内部細胞塊
＝
分化して胎児になる部分
内部細胞塊をバラして培養
胚性幹細胞＝ES細胞になる
特徴
多能性
不死性
ある条件を与えれば、あらゆる臓器や組織に分化できる
ES細胞
分化
分化
分化
肝臓などの臓器
脳、神経など
血液細胞など
ES細胞
培養液の中でほぼ無限に増殖できる
しかも、増殖しても分化しない
＝
多能性は保たれている
ES
私は、何にでもなれる万能細胞！いつでも

世界を驚かせた「万能細胞」

1998年11月初め、ヒトのES細胞が世界で初めて樹立されたというニュースが世界中を駆けめぐりました。報告は2本ありました。

第1の報告は、ウィスコンシン大学のジェームズ・トムソンらが、アメリカの科学誌『サイエンス』98年11月6日号で発表した実験です。トムソンらは、ウィスコンシン州とイスラエルの不妊クリニックで、体外受精されたが使われなかった受精卵を、両親からインフォームド・コンセントを得てもらい、胚盤胞と呼ばれる段階で内側の細胞(内部細胞塊)を取り出し、それを特殊な方法で培養しました。

アメリカでは、ヒト胚を使った研究に連邦予算を使うことができないため、実験はNIH(国立衛生研究所)の予算が使われている研究所と「キャンパスを隔てて」建てられている建物で行なわれたといいます。

トムソンらは、得られた細胞を免疫力を失わせたマウスに移植しました。するとマウスに「奇形腫(teratomas)」という腫瘍の一種が発生しました。その腫瘍は、外胚葉(腸管上皮)、中胚葉(軟骨、骨、平滑筋、横紋筋)、内胚葉(神経上皮)のそれぞれの由来の細胞の特徴を示しました。

多能性、つまりこの細胞が体のすべての部分になる能力を持つことが証明されたのです。なお、この奇形腫の発生という現象は後で重要な意味を持ってきます。

第2の報告は、ジョン・ホプキンス医科大学のジョン・ギアハートらが、『米国科学アカデミー紀要』98年11月10日号で発表しました。彼らは、中絶胎児の始原生殖細胞(将来精子や卵子になる細胞)を使用し、同じように多能性を持つ細胞を樹立することに成功しました。こちらはES細胞と区別して、EG(Embryonic Germ)細胞と呼ばれます。

実験動物であれば、このES細胞やEG細胞を別の胚盤胞に導入し、「キメラ個体」をつくってみるそうですが、ヒトでは倫理的問題が大きいのでトムソンらもギアハートらもやっていないようです。

以上二つの研究には、ジェロン社が資金を提供しており、同社が特許を取得しています。

ドナーを必要としない移植

ヒトのES細胞が取り出されたというニュースが専門家だけでなく一般市民の関心をも呼び起こしたのは、これがどんな組織や臓器にもなる可能性を秘めているからです。ES細胞に適当な「分化誘導物質」を与えたり、遺伝子操作をすれば、理論的には目的の組織や臓器だけをつくることができます。臓器移植に必要なドナー(臓器提供者)は慢性的に不足していますが、ES細胞を使えば、「ドナーなき移植」が可能になるのです。その技術はどれぐらい進んでいるのでしょうか?

科学技術庁(現・文部科学省)の資料によれば、少なくともマウスの実験では、ES細胞からドーパミン産生細胞、神経幹細胞、心筋細胞、膵臓の細胞、血管内皮細胞、骨細胞、血液幹細胞、真皮細胞を分化させる技術がすでに開発されています。

日本国内でも次々と研究成果が発表されています。

たとえば2000年6月20日、大阪大学の倭英司助教授らが、マウスのES細胞からインシュリンを分泌する細胞をつくることに成功したと発表しました。糖尿病の治療に使うことが期待されています。

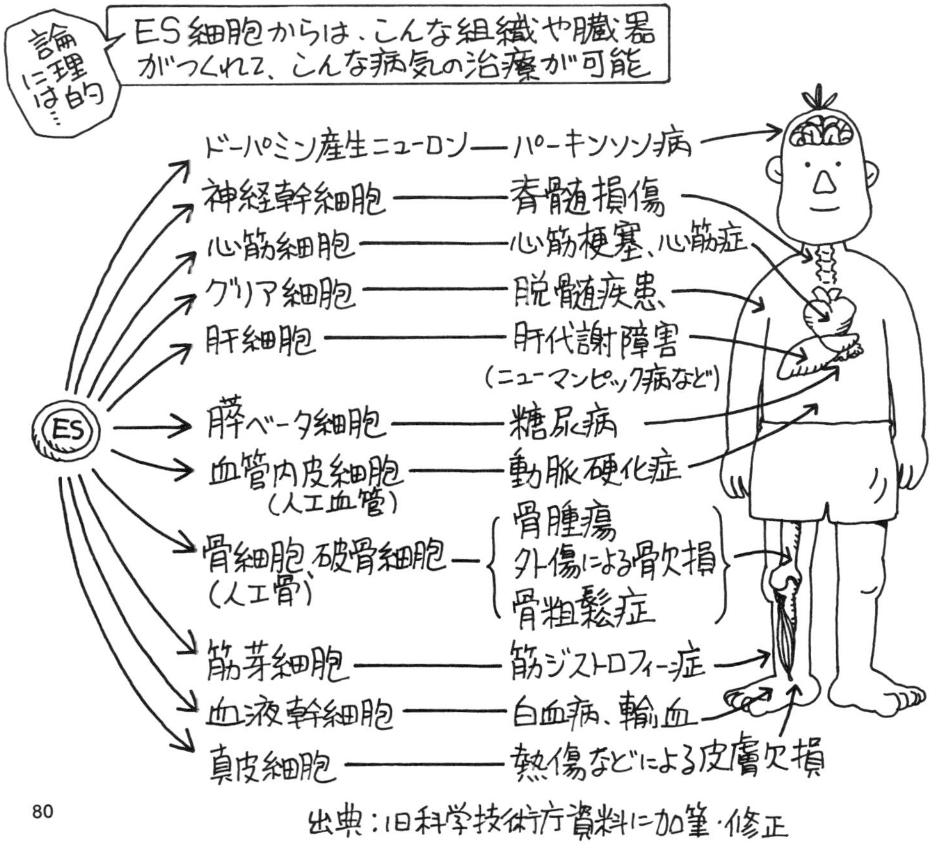

同年10月25日には、京都大学再生医科学研究所の笹井芳樹教授らと協和発酵との研究チームが、マウスのES細胞をドーパミン産生細胞に効率よく分化させる技術を開発したと発表しました。実際にマウスの脳に移植してみて、それが働き続けることも確認しました。パーキンソン病の根本治療に役立つとされています。

同年11月2日には、京都大学大学院医学研究科の山下潤研究員らが、マウスのES細胞から血管をつくることに成功したという論文を発表しました。

同年11月25日には、三菱化学生命科学研究所の野瀬俊明主任研究員が、マウスのES細胞から、精子や卵子のもとになる始原生殖細胞をつくることに成功したと報道されました。

2001年12月16日には、信州大医学部の田川陽一講師らが、マウスのES細胞から成熟した肝細胞をつくることに成功したと発表しました。

2002年2月3日には、前述の京都大学再生医科学研究所の笹井芳樹教授らが、カニクイザルのES細胞からドーパミン産生細胞や目の細胞をつくることに成功したと発表しました。

拒絶反応を避けるには？

ES細胞から移植用の組織や臓器をつくったとしても、拒絶反応をどう克服するかという問題が残っています。

EG細胞の樹立に成功したジョン・ギアハートは、次のような方法があるとまとめています。

(1)　多数の系統のES細胞を保存しておく。つまり「ES細胞バンク」をつくり、さまざまなレシピアント(移植の受け手)に合うES細胞を確保する。

(2)　ある遺伝子を操作して、誰に移植しても拒絶反応が起きない組織や臓器をつくる。

(3)　レシピアントのある遺伝子をES細胞に導入して、各レシピアントに合った組織や臓器をつくる。

(4)　レシピアントとまったく同じ遺伝情報を持つES細胞を樹立する。つまりレシピアントの体細胞を、クローンと同じように、除核未受精卵に核移植し、それを胚盤胞まで培養してからES細胞を取り出す。

(4)には二つの方法があります。一つは患者の体細胞を通常のクローンと同じように同じ生物(つまりヒト)の除核未受精卵に核移植する方法です。こうしてできた胚はクローン胚といいます。後述するクローン技術規制法では「ヒトクローン胚」と呼ばれて、作製すること自体が指針で禁止されています。理論的には、拒絶反応がまったく起こらない組織や臓器をつくることができるはずです。この手法を患者自身と同じ遺伝情報を持つという意味で、「My ES」と呼ぶ研究者もいます。

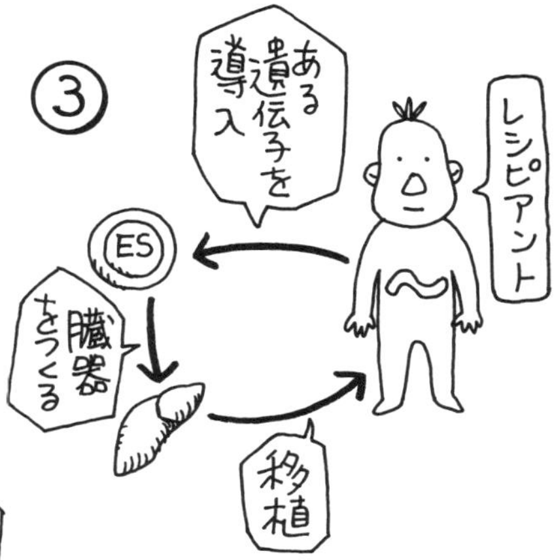

1999年５月、ヒトES細胞の樹立に資金を提供したジェロン社は、クローンヒツジ「ドリー」をつくったロスリン研究所の企業部門ロスリン・バイオメド社を買収し、ジェロン・バイオメド社と改名しました。2000年１月には、体細胞クローン技術の特許が成立し、ロスリン研究所がそれを取得したのですが、その利用権はジェロン社が取得しました。クローン技術とES細胞の技術を組み合わせ、患者と同じ遺伝情報を持ち、拒絶反応を起こさない移植用臓器の実現を目指すといいます。

もう一つは患者の体細胞を異なる生物、つまり動物の除核未受精卵に核移植する方法です(58ページ参照)。

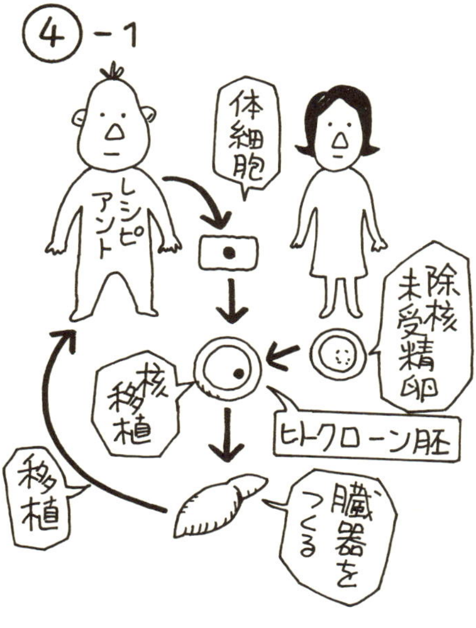

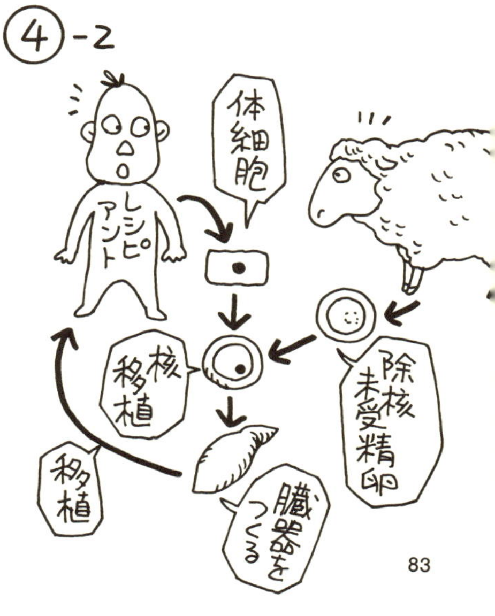

ヒトクローン胚

そして2001年11月25日、アメリカのバイオ企業ACT（アドバンスド・セル・テクノロジー）社は、ヒトの除核未受精卵にヒトの体細胞核を注入して、クローン胚をつくることに成功したと発表しました。同社は、拒絶反応を起こさない移植用臓器づくりに道を拓く研究成果であるとその意義を強調しました。

同社の研究者らは、広告で募集した女性から「有償で」卵子（未受精卵）を提供してもらいました。卵子の核を除去し、それに別の人の皮膚の細胞核を注入しましたが、11個の卵子はすべて育ちませんでした。次に、卵子の周囲についている「卵丘細胞」と呼ばれる細胞を注入したところ、8個のうち2個が四つに分割し、1個が六つにまで分割しました。しかし、いずれもそれ以上育たず死んでしまいました。

専門家からは研究の信頼性に疑問を投げかける声が相次ぎました。

たとえばドリーの生みの親であるイアン・ウィルムットによると、未受精

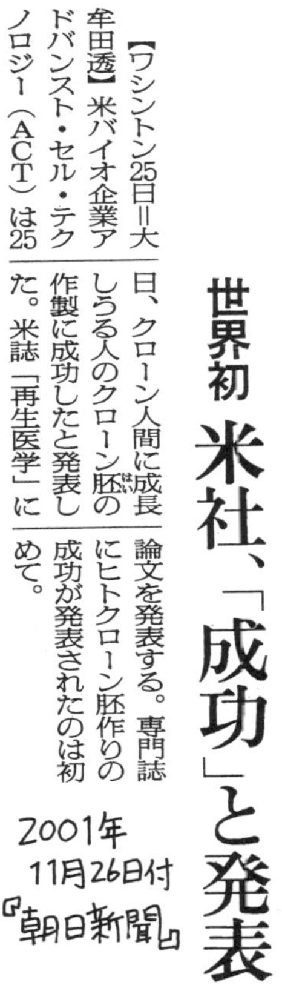
ヒトクローン胚「作製」

世界初 米社、「成功」と発表

【ワシントン25日＝大牟田透】米バイオ企業アドバンスト・セル・テクノロジー（ACT）は25日、クローン人間に成長しうる人のクローン胚《はい》の作製に成功したと発表した。米誌「再生医学」に論文を発表する。専門誌にヒトクローン胚作りの成功が発表されたのは初めて。

2001年11月26日付『朝日新聞』

クローン技術規制法に基づく指針で、日本では作製禁止!!
当面
違反したら懲役刑か罰金!
文部科学省
クローン研究の禁止法案を可決する
米下院
道徳的に誤りだ!!
ブッシュ大統領

卵は、核を取り除いた状態で、新たな核を加えなくても、6個ぐらいには分裂するといいます。「それ以上分裂しなかったということは、たいした研究ではないということだ」とウィルムットはメディアの取材に話しています（『ホットワイアード』翌日付など）。

こうした技術的な問題をクリアできれば、クローン胚からES細胞をつくり、望みの細胞や臓器に分化させ、拒絶反応のない移植医療を実現できるかもしれません。しかしヒトクローン胚の作製は再生医療に道を拓く一方、ヒトクローン個体づくりにつながりうるものだけに、倫理的な問題をめぐって激しい議論が巻き起こりました。

また、この方法なら胚を必要としないので倫理的問題は起きないという意見もあるようですが、それは間違っています。この方法でも核移植の“受け皿”となる未受精卵がどうしても必要だからです。実際、核移植の成功率は、動物実験では２〜３％とたいへん低いので、たくさんの未受精卵が必要になります。女性の身体が資源の供給源となることに変わりありません。

医療と倫理に重い課題

米企業がクローン胚作製

種の壁を超えた核移植

やや時間を遡ります。

1998年１月、国際胚移植学会で、ウィスコンシン大学のニール・ファーストらが異なる動物どうしの核移植に成功したと発表しました。イギリスの科学週刊誌『ニューサイエンティスト』98年１月24日号によると、ファーストらは、ブタ、ラット、サル、ヒツジの耳の皮膚細胞の核をウシの卵子に核移植しました。するとそれらは胚盤胞まで成長しました。成長するスピードはそれぞれの動物と同じくらいだったといいます。

そしてES細胞とEG細胞の樹立成功が発表された直後の1998年11月12日、前述のACT社は、ヒトの体細胞核をウシの除核未受精卵に核移植したと発表しました。彼らは多くの細胞を試したのですが、そのうち頬の細胞一つだけが16個にまで分裂したといいます。胚盤胞まで培養し、内側の内部細胞塊を取り出して培養すれば、ES細胞が得られると理論的には考えられています。正式な論文が発表されていないためか、この結果に対しては疑問を投げかける専門家もいました。

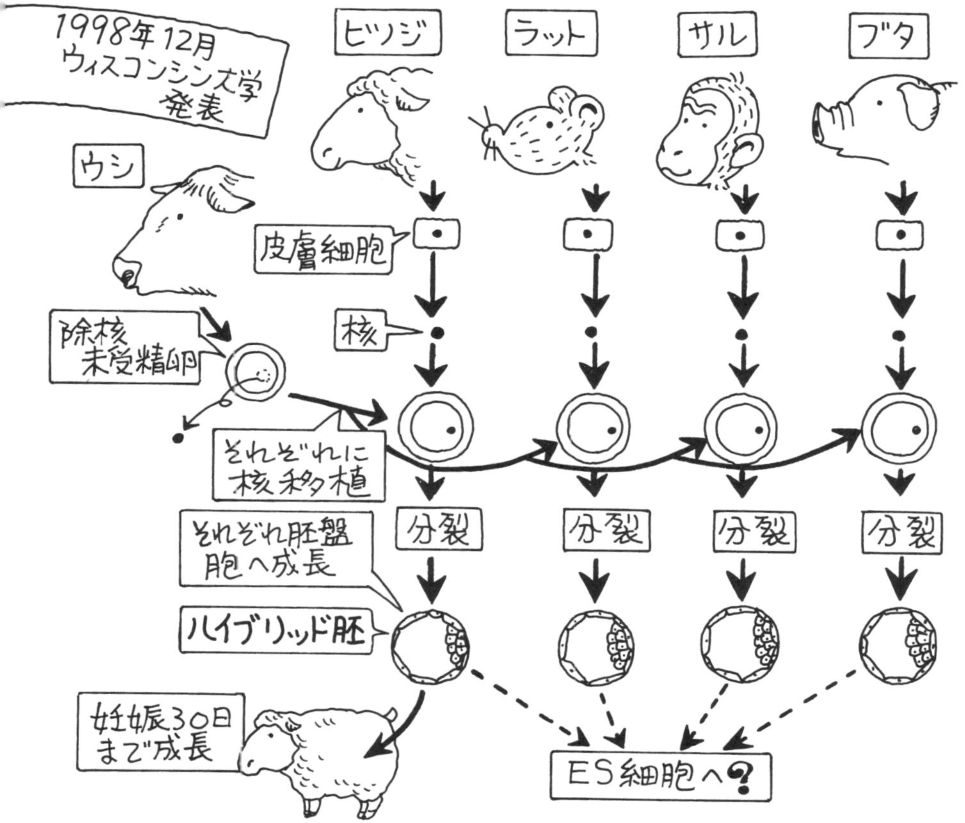

その翌月の12月には、ファーストらが前述の研究を再発表しました。彼らがヒツジやブタ、ラット、サルの皮膚細胞の核をウシの除核未受精卵に移植したところ、分裂して胚になりました。ヒツジの核を移植した胚をメスのヒツジの子宮に戻したところ、妊娠30日まで成長したといいます。

こうした異種間の核移植によってできた胚のことを「ハイブリッド胚」もしくは「ハイブリッド・クローン胚」といいます。

後述するクローン技術規制法では、ヒトの細胞を導入したハイブリッド・クローン胚のことを「ヒト性融合胚」と呼んでいます。こうした胚からES細胞をつくることができれば、理論上、ヒトの受精卵(胚)も未受精卵も必要なくなります。

しかし、ACT社にしろウィスコンシン大にしろ、異種間での核移植に成功しただけです。そうした胚からES細胞が樹立されたという報告は、動物実験も含めて、2002年3月現在、まだ伝えられていません。実現可能性が低いうえ、動物の未受精卵を使うことによる安全性の問題もクリアされなければなりません。

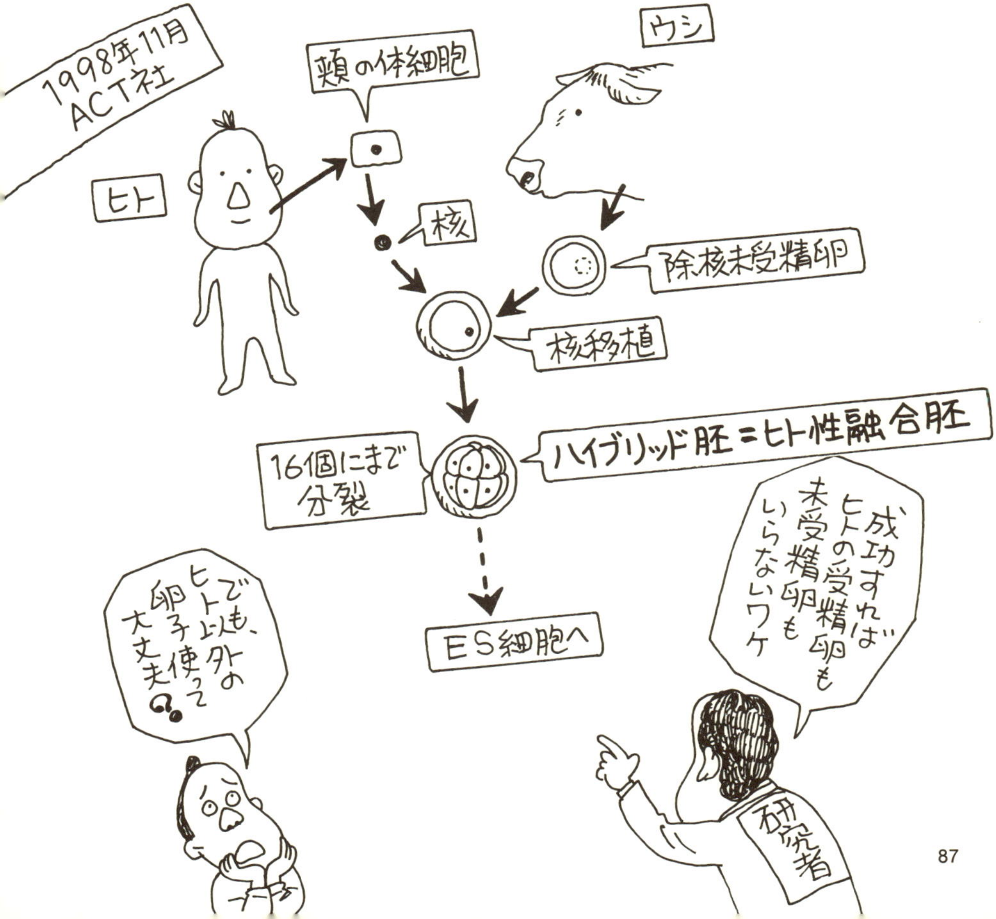

単為発生

84～85ページでATC社がヒトクローン胚をつくることに成功したと書きました。実は、同社はこのとき、受精も核移植も行なうことなく、未受精卵をそのまま分裂させて胚をつくること——単為発生——にも成功したとも発表していました。

単為発生とは「雌が雄と関係なしに単独で新個体を生ずる生殖法」のことです。親に注目する場合には「単為生殖」といい、卵に注目する場合には「単為発生」といいます。ミツバチなどの昆虫では、自然の状態で単為発生が起きています。単為発生はマウスやブタでも実験されてきましたが、いまのところ哺乳類で出産に至った例はなく、胎児の初期段階でほとんど死んでしまっています。

ACT社は未受精卵を特殊な化学物質で処理し、そのままの状態で分裂を始めさせることに成功しました。一部は胚盤胞という段階の近くまで成長しました。この胚からES細胞をつくり出すことが最終的な目標です。この胚は受精を経ていないため、提供者の女性の遺伝情報だけを持つ、いわばクローンです。

患者が女性であれば、未受精卵にこの操作を行なうことで、拒絶反応のない移植医療が理論的に可能になります（男性にも移植できないことはありませんが、他家移植になるので拒絶反応が起きます。もちろん本人以外の女性に移植した場合にも拒絶反応が起きます）。

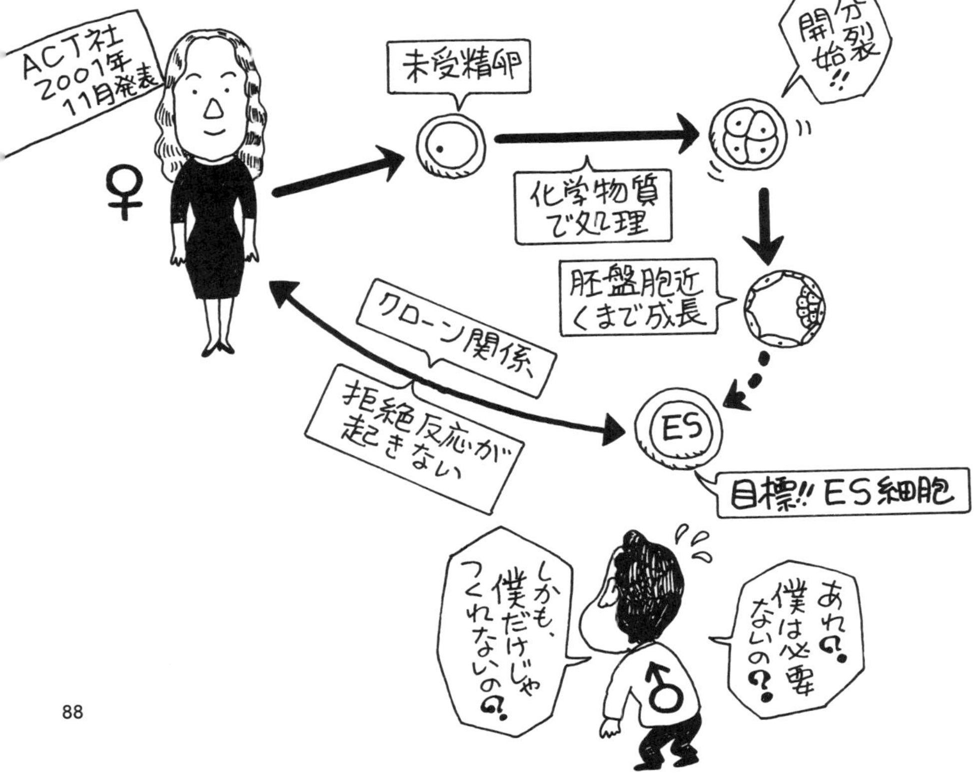

さらに同社は2002年１月31日、サルの未受精卵に単為発生を起こさせ、それからつくり出したES細胞を神経や筋肉など身体のさまざまな細胞に分化させることに成功したと発表しました。

受精卵(胚)を壊してES細胞をつくる方法には、倫理的な側面から反発する声があります。単為発生ならそれを回避できるというのが同社の主張です。確かに受精卵を壊すことは回避できます。しかし、未受精卵(卵子)は必要です。それを取り出すためには、女性の身体がどうしても必要です。患者が男性の場合には、親族の女性、あるいは体外受精を行なおうとする女性から提供されることを想定しているのでしょう。いずれにしろ女性の肉体的・精神的負担は決して軽くはありません。簡単に採取できる精子とは違うのです。女性に偏って負担がかかることが重大です。

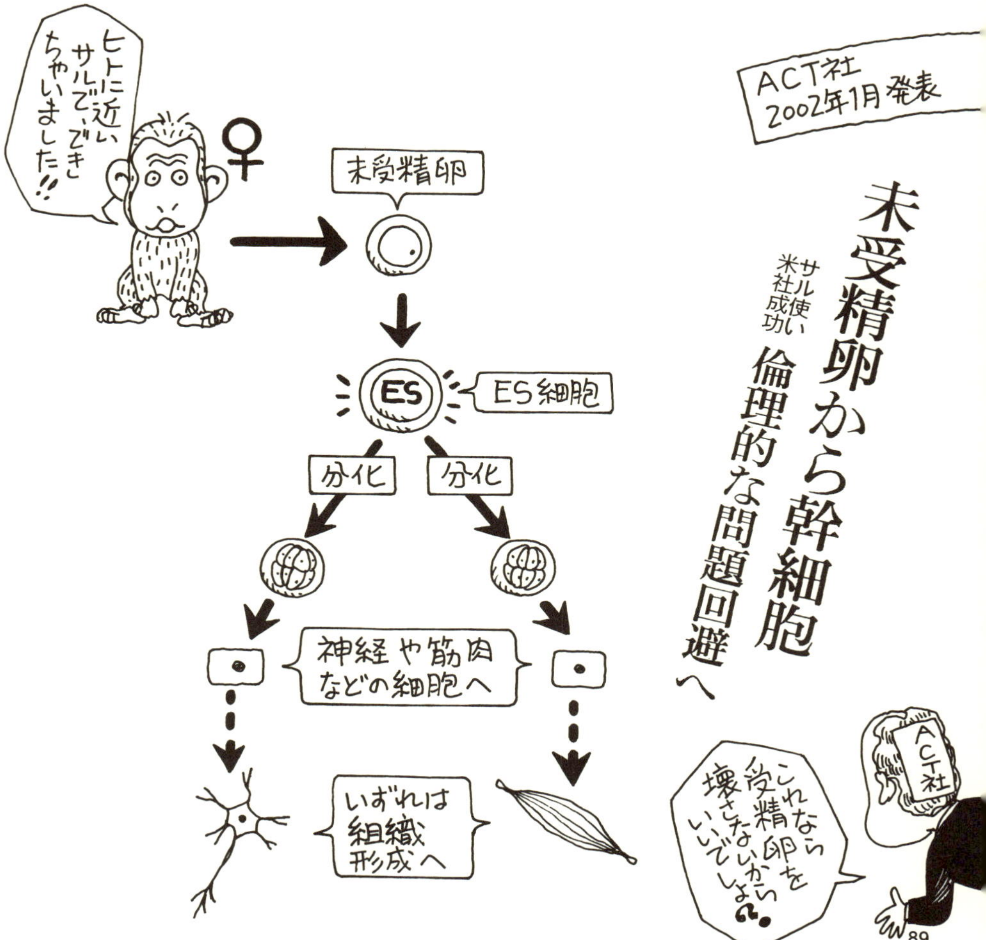

体性幹細胞

ES細胞が注目される一方で、生殖細胞以外の細胞、つまり本人またはドナーの体から取り出した体細胞に何らかの加工を施して、患者に移植するというタイプの再生医療も研究が進められています。

その一つがES細胞以外の幹細胞を分化・増殖させて、移植するという技術です。そうした幹細胞は「体性幹細胞」とか「組織幹細胞」、あるいは成体の組織を使うことから「AS（Adult Stem）細胞」などと総称されています。もう一つは、生きた細胞を人工材料と組み合わせるなどして組織の再生や臓器の再建を行なう技術で、ティッシュエンジニアリングと呼ばれます。前者は分化を伴い、後者は伴わないところが違います。しかし両者の境目はあいまいで、あまり厳密に区別されていないようです。体性幹細胞の移植やティッシュエンジニアリングには、自家移植、つまり患者本人の細胞を使うことが可能だという特徴があります。

たとえば慶応大学医学部の福田恵一

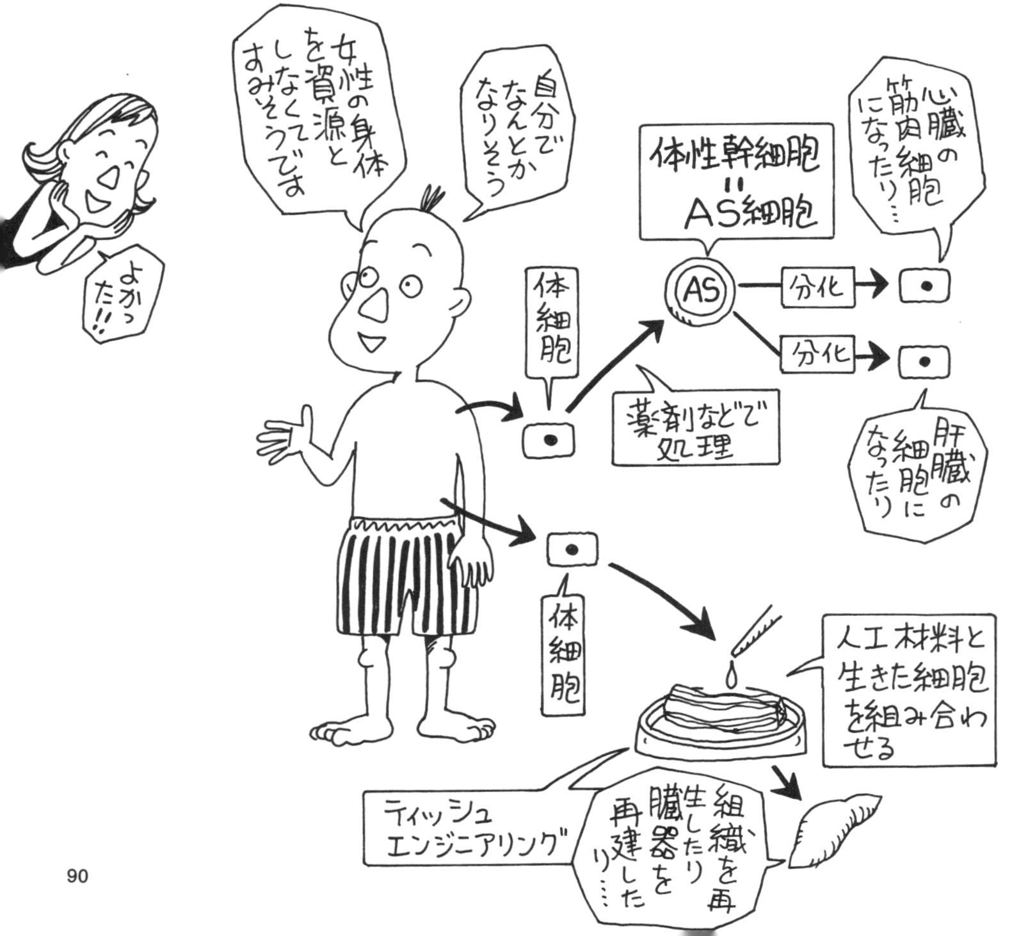

助手らは1999年３月、マウスの骨髄中の「間質細胞」に含まれる「間葉系幹細胞」を、薬剤を使って処理をすることで心臓の筋肉細胞に変化させる実験に成功したと発表しました。心筋梗塞などの治療に応用することが期待されています。

1999年９月、筑波大学の谷口秀樹講師らは、肝臓をつくる細胞のもとになる「肝幹細胞」を含む細胞集団を分離することに世界で初めて成功したと発表しました。谷口講師らはマウスの胎児の肝細胞のなかに飛び抜けて活性が強い細胞があることを発見、そのうち１個を培養したところ、肝臓をつくるさまざまな種類の細胞がつくり出されることを確認しました。さらにそれをマウスの脾臓に移植したところ、肝臓の組織をつくり上げました。劇症肝炎などの治療に役立つと見られています。谷口講師らは、2001年に肝幹細胞を小腸や脾臓の細胞に分化させることにも成功しました。

このような研究成果は、1999年ごろから今日に至るまで、数えられないほど報告されています。

ティッシュエンジニアリング技術で人間の耳の細胞を人工材料と組み合わせ…
その「耳の素」を移植され、背中に人間の耳を生やしたマウスでした
以前、TV番組でこんな姿のマウスを見ました
ちゅうちゅう
再生医療の希望の星的技術ですが…なんだかすごい世界になってきたって感じ…

ES細胞以外の“万能”細胞

ES細胞の存在意義を揺るがしてしまいそうな報告もあります。

1999年夏、スウェーデンのカロリンスカ医科大学のA・レンダールは、大人のマウスの脳の神経細胞が体のあらゆる組織の細胞に変化できる可能性があることを確認しました。大人のマウスの脳から取り出した神経幹細胞をマウスの受精卵といっしょに培養したところ、まず筋肉の細胞ができました。

次に、分裂が進んだ受精卵に神経幹細胞を移植したところ、それらは増殖しながら心臓や肺、肝臓、腎臓、消化器官などの細胞に分化しました。大人の哺乳類の幹細胞は、あるていど限定された組織や臓器にしか分化できないというそれまでの常識をうち破ったのです。

ただしそのように分化させるためには受精卵が必要になるようですから、その意味ではES細胞と同じ問題が依然として存在します。

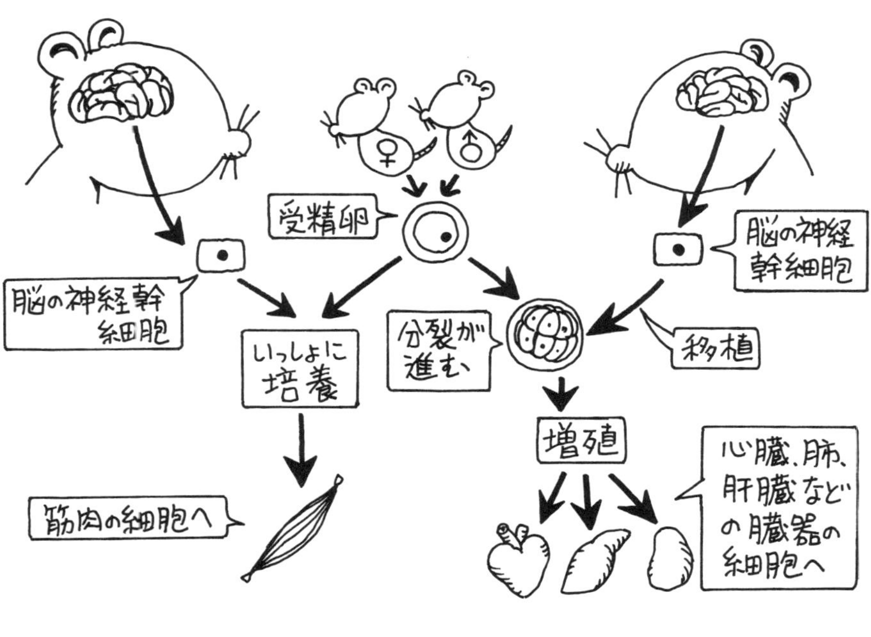

さらに1999年12月、ミネソタ大学の血液学者キャサリン・ヴェルファイらは、子どもと大人の骨髄から取り出した細胞が、脳細胞や肝臓の前駆細胞、そして3種類の筋肉（心筋、骨格筋、平滑筋）に分化しうることを確かめたと発表しました。ヴェルファイは専門誌の取材に対して「それらの細胞はほとんどES細胞のようなものです」と語りました。しかし、そのような能力を持つ細胞を得ることは容易ではなく、骨髄細胞100億個当たりに1個ぐらいしかないといいます。子どもの骨髄により多く存在するそうですが、45〜50歳の人からも得られたそうです。

もし成人の体から、どんな組織にでも分化する“万能の”体性幹細胞を得られれば、ヒトの個体になりうる胚を壊さなくてはならないES細胞を使う意味はなくなってしまいます。そのうえ患者本人からそれを取ることができれば、ドナーに頼る必要のない「自家移植」が可能になります。しかし幹細胞の分化能力にはおそらく個人差があり、誰からも“万能の”幹細胞が取れるとは限らない可能性があります。その場合には、体性幹細胞の場合でも他家移植が必要になります。また、企業としては他家移植のほうが産業化しやすいはずだという指摘もあります。

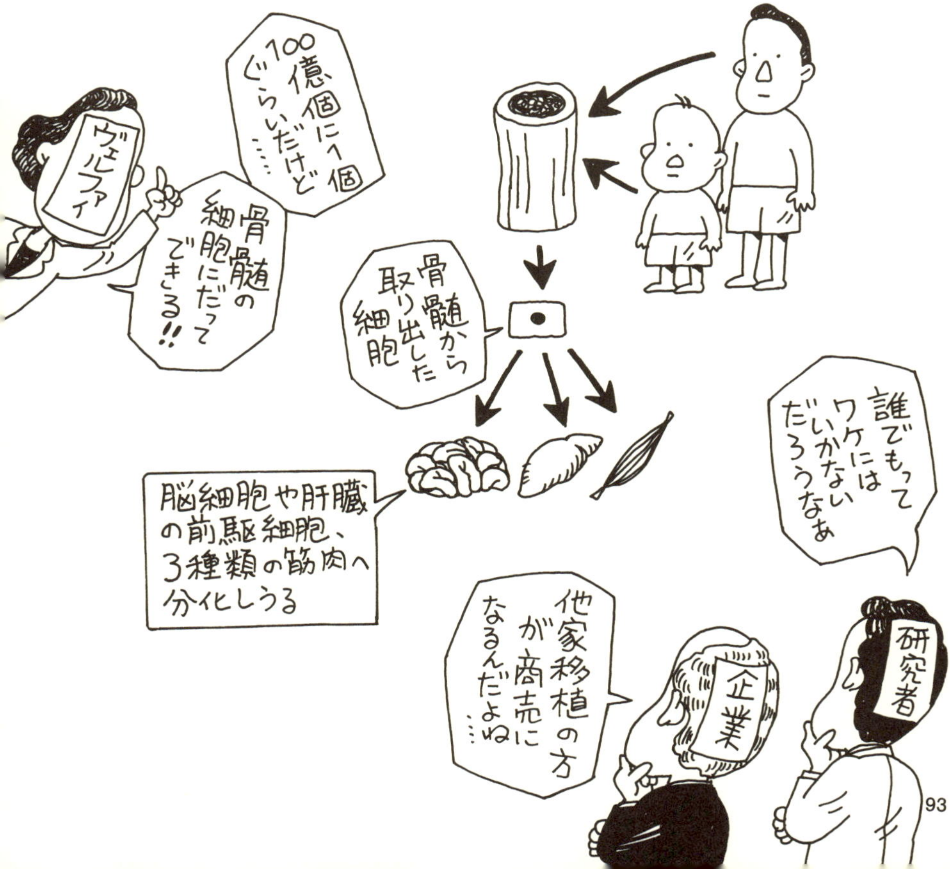

ES細胞でがんに!?

ES細胞には、倫理的な問題のほかに、安全性の問題も存在します。たとえES細胞を何かの細胞に分化させて、それを患者に移植したとしても、分化し損ねたES細胞が1個でも残っていれば、がんになる可能性があります。

ES細胞を樹立したトムソンらもEG細胞を樹立したギアハートらも、その多能性(あらゆる種類の細胞になる能力)を確かめるためには、それらを免疫力を失わせたマウスに移植し、「奇形腫」が発生するのを確認しました。

奇形腫とは何でしょうか？　奇形腫とは、ヒトや動物の精巣や卵巣に見られる腫瘍の一種で、細胞が腫瘍の中で分化してしまっているのが特徴です。そのため腫瘍はたいへん大きく、その中には脳や臓器はもちろん眼球や手足、髪の毛までが存在するといいます。

ES細胞はそのあまりに強力な多能性のために、分化をコントロールすることが難しいのです。そしてヒトの身体の中の化学的な条件を試験管の中で完全に再現することは不可能なのです。だからたとえ試験管の中で、ES細胞を目的の細胞に分化させることに成功しても、ヒトや動物の体の中ではどのように分化するかわかりません。100%目的の細胞だけに分化させる技術を確立できない限り、危険性は存在します。1個でも分化し損ねたES細胞が残っていれば、それが奇形腫になる可能性は否定できません。

実際、動物実験では、ES細胞から分化させた膵臓の細胞や肝臓の細胞をマウスに移植したところ、奇形腫が発生したと報告されています。

ES細胞は、マスコミなどでは「万能細胞」だとか「夢の細胞」などと呼ばれて、これまで治療不可能だった病気を魔法のように解決してしまうかのようにしばしば書かれます。しかし、既存のあらゆる医療技術と少なくとも同じレベルのリスクが存在するのです。

ES細胞に限りませんが、新技術に過剰な期待は禁物です。

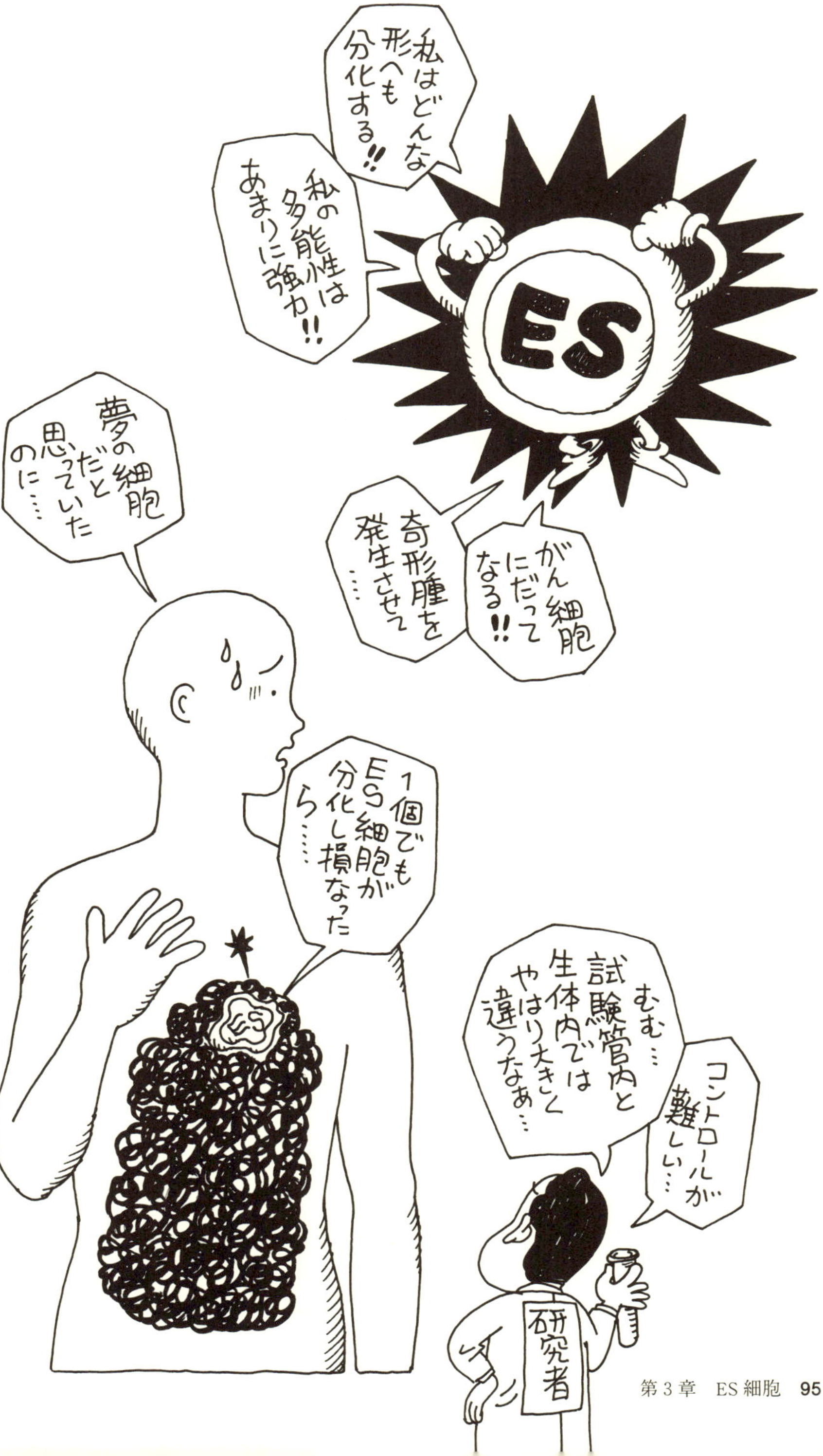
私はどんな形へも分化する!!
私の多能性はあまりに強力!!
ES
がん細胞にだってなる!!
奇形腫を発生させて……
夢の細胞だと思っていたのに……
1個でもES細胞が分化し損なったら……
ES
むむ…試験管内と生体内ではやはり大きく違うなあ…
コントロールが難しい…
研究者

胎児細胞移植の副作用

2001年にはショッキングなニュースが伝えられてきました。

1980年代から、パーキンソン病の治療のために中絶胎児の神経細胞を脳に移植するという手術が各地で行なわれてきました。パーキンソン病はドーパミンという脳内物質の不足によって起こります。中絶胎児からドーパミン産生細胞を取り出して、それを移植するのです。しかし、そうした治療を受けた患者たちが深刻な副作用に遭っていることがわかってきたのです。

アメリカのコロンビア医科大学の神経学者ポール・グリーンらが34歳から75歳までの患者40人を調査したところ、この治療法は、若い患者のなかには効果が見られた人もいるものの、60歳以上ではまったく効果がないと結論づけられました。それどころか15％の患者では、手術前より症状が悪化したといいます。グリーンによると、移植された胎児のドーパミン産生細胞が必要以上の量のドーパミンを産生することを患者の身体がコントロールできないことが原因と推測されています。グリーンは「胎児からの移植はもう行なうべ

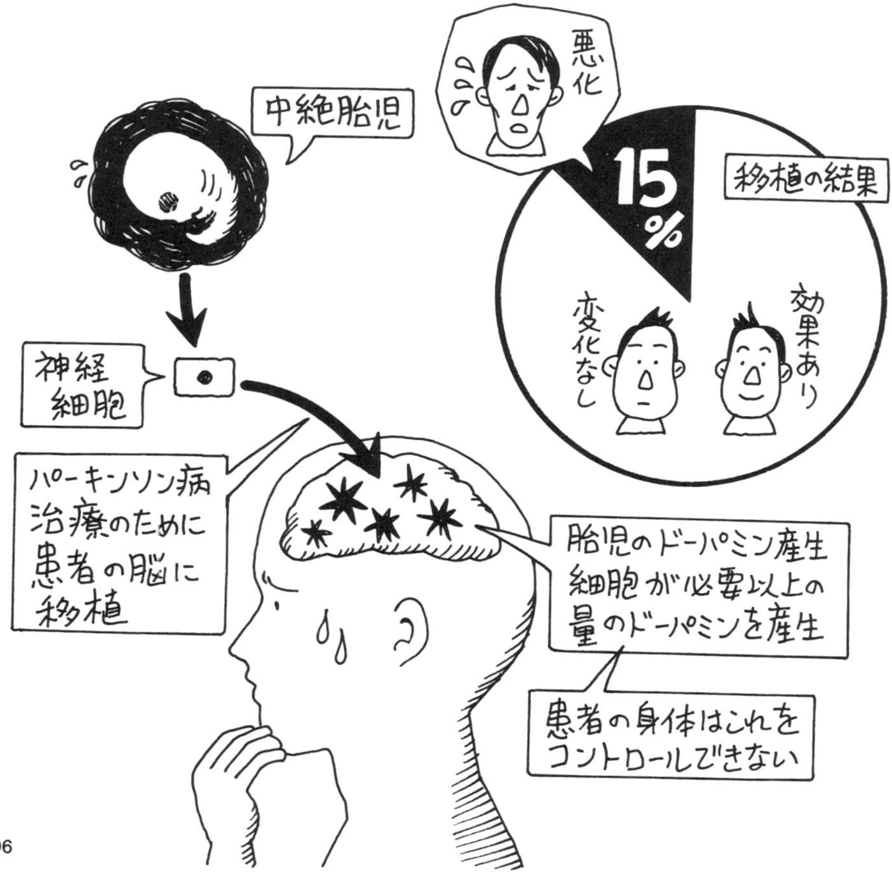

きではない」とイギリスの新聞『ガーディアン』(2001年3月13日)にコメントしています。この調査結果は医学専門誌『ニューイングランド・ジャーナル・オブ・メディスン』で論文として発表されました。

このことは胎児由来のドーパミン産生細胞の移植だけで終わる問題ではありません。つまり、過剰なドーパミンの産生をコントロールする技術が確立されない限り、ES細胞や神経幹細胞から分化されたドーパミン産生細胞の移植でも、同じ結果がもたらされる可能性があるはずです。さらにいえばドーパミン産生細胞に限らず、インシュリン産生細胞など、何か有用なタンパク質を産生させることを目的として患者に移植する組織には、どれも同じ問題が存在するでしょう。

再生医療のプラス面ばかりを伝えてきたマスコミは反省すべきです。私たちは医療を受ける側の者として、「万能細胞」と呼ばれているものの存在意義と限界を見極めなければなりません。

そしてES細胞のもとになる受精卵は、生殖技術(生殖補助医療)の現場から得られます。その生殖技術については次の章で見てみましょう。

国内でも研究がスタート

2002年３月27日、文部科学省の専門委員会が、国内で初めてヒトES細胞をつくる研究計画を正式に承認しました。この計画は、京都大学再生医科学研究所の中辻憲夫教授が申請していたものです。中辻教授は世界で２番目に霊長類のES細胞の樹立に成功するなどの多くの実績があり、日本におけるこの分野のトップランナーといっていいでしょう。材料となる受精卵(胚)は、京大医学部付属病院と豊橋市民病院から提供されたものを使い、樹立されたES細胞は研究者に無償で配布されるといいます。

この委員会は最初の１回目だけが公開され、その後の具体的な審査は非公開で行なわれました。理由はプライバシーと知的財産権の保護だそうです。筆者が文部科学省の担当者に「(非公開にすることは)いつ、どうやって決めたのですか？」と尋ねてみると、「事前に委員の先生方と相談して決めました」とのこと。ただしある委員は審議の中で、理由をあらためて事務局に尋ねていたので、根回しが行なわれたのは全員ではないようです。

３月27日の審議は、承認が決まる日ということなのか公開で行なわれまし

た。筆者も傍聴したのですが、公開とはいっても、申請書など肝心の書類は委員だけへの配布だったので、審議を耳だけで聴いていてもわかりにくかったというのが正直な印象です。

当然ながら、受精卵を提供することになる不妊カップルへのインフォームド・コンセントのやり方が審議の焦点となりました。京大再生医科学研究所の関係者がカップルに説明し、同意を得た後、１カ月の猶予を置いて意思に変更がなければ提供を受ける、つまり提供にいったん同意しても１カ月間は撤回できること、同研究所は候補となるカップルに説明するためのビデオと文書を独自につくり、心理的圧力をかけないよう工夫すること、プライバシーを守るため完全な匿名化にも配慮することなどを、研究所側は専門委員会に示したようです。

たとえば遺伝子治療では、研究者は研究計画の申請書を作成し、厚生労働省の審議会に提出します。申請書は公開され、それにはインフォームド・コンセントを行なうさいに使用する書類なども添付されています。しかしES細胞では、少なくとも審査の過程ではそれがどうなっているのか公開されないまま、計画は承認されてしまいました。

ES細胞の輸入もスタート

2002年4月23日には、文部科学省の専門委員会は、京都大学大学院医学研究科の中尾一和教授らがヒトES細胞を海外から輸入して研究に使う計画を承認しました。

中尾教授らの計画は、オーストラリアのモナシュ大の研究者が樹立したヒトES細胞を、同大の窓口となる企業ESセル・インターナショナルから輸入するというものです。中尾教授らが計画しているのはES細胞から血管のもととなる細胞を再生させる研究で、心筋梗塞などの治療につながることが期待されています。田辺製薬との共同研究で、同社は同月17日、文部科学省に同じ内容の計画を申請しました。血管を再生する技術を確立できたら、その特許は同社が取得するのでしょう。

このES細胞はオーストラリアではなく、シンガポールの病院で採取された受精胚から樹立されたものです。ESセル・インターナショナルは現在、6株のヒトES細胞を保有しており、世界中の研究者に実費のみで配布する予定だといいます。アメリカのNIH（国立衛生研究所）が定めた「ステム・セル・レジストリー（Stem Cell Registry）」（後述）に登録されているものなので、

適切な手続きを経て提供された受精胚からつくられたものと一応みなされています。

専門委員会の委員らは、それらのES細胞が適切な同意にもとづき体外受精で“余った”凍結受精胚から樹立されたものであること、シンガポールとオーストラリアでそれぞれの倫理委員会が承認していること、中尾教授らは十分に動物実験を行なったことなどを確認し、問題ないと判断しました。

ESセル・インターナショナルのES細胞は、京大だけでなく、アメリカのNIHなども輸入しようとしています。同社のロバート・クルパクス社長は、この契約によって、NIHのネットワークを通じて自分たちのES細胞を広く配布することができる、と述べています。同時に商品化する権利も持ち続けるとも述べています。

もし同社のES細胞株を使った研究で移植用組織の分化方法など新技術が開発され、その技術が臨床応用されるようになったら、その利益の一部は同社にも流れ込むはずです。

もちろん分化方法を確立した企業にも流れます。その源となる“資源”は、日本でもアメリカでもなく、シンガポールで、しかも無償で得られたものなのです。

ジョージ・ブッシュ、苦悩の選択

2001年８月、アメリカのジョージ・ブッシュ大統領は、ヒト胚は人間になる可能性を持っているものであるので、新たにヒト胚を壊してES細胞を樹立することは認めない、としながらも、すでに樹立されているES細胞は生死が決まった存在とみなし、それを用いた研究には連邦助成を行なっていくことを決定したという声明を発表しました。共和党の支持層であり、中絶反対の保守派と、バイオテクノロジー産業の双方の意見に挟まれた折衷案です。

NIHはこれを受けて、大統領が示した基準を満たすヒトES細胞をリストアップし、前述の「ステム・セル・レジストリー」として公開しました。大統領が示した基準は以下の通りです。①胚盤胞からの内部細胞塊の採取に始まる樹立の過程が、大統領の声明以前に開始されたものであること。②幹細胞（ES細胞）の樹立に使われた胚は、もはやヒトとして発生する可能性がないものであること。③生殖目的で作製された胚（つまり体外受精における「余剰胚」）から樹立された幹細胞（ES細胞）であること。④その胚は、もはや生殖目的では必要とされないものであること。

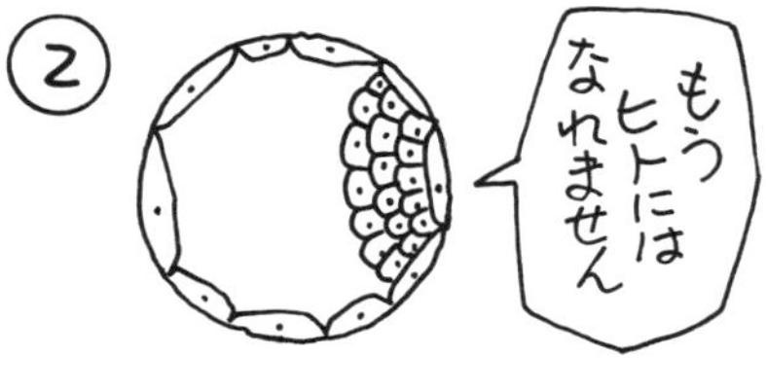

⑤胚の提供についてインフォームド・コンセントが得られていること。⑥胚の提供にあたって金銭的な誘導がなされなかったこと。

これらを満たさずに樹立されたES細胞を使う研究には、政府の予算を使ってはならないということです。

文部科学省の資料によると、ステム・セル・レジストリーに登録されているES細胞は72株。樹立した機関は、民間のバイオベンチャーや大学の企業部門、公立の研究所など11機関。そのうちアメリカにあるものは５機関。スウェーデンとインドが２機関ずつ、オーストラリアとイスラエルが１機関ずつ。

しかし注意しなければならないのは、この基準を満たしていないES細胞であっても、民間企業の予算を使うのであれば、研究に使用できることです。現にアメリカには、最初からES細胞を樹立することを目的に、精子と卵子の提供を受けてそれらを受精させ、胚を作製した研究機関も存在します。

ブッシュ、すべてのヒトクローン禁止を主張

そして2002年４月10日、アメリカのジョージ・ブッシュ大統領は、ヒトクローン個体づくりだけでなく、クローン胚の作製も倫理的に間違っており、両方とも包括的に禁止する法案を上院で可決するべきだとスピーチしました。

アメリカの下院は、すでに2001年８月、クローン技術を包括的に禁止する法案を可決しています。この法案が法律として成立するためには、上院でも可決され、そのうえで大統領の署名を受けなければなりません。ロイター通信などによると、ブッシュは、どんな種類であってもヒトのクローンを許す法案には拒否権を発動するつもりだといいます。

レーガンにしろ、ブッシュ親子にしろ、共和党の政治主張は伝統的に、中絶反対に典型的なように「生命尊重派（プロライフ）」の考えを反映しています。もちろんその逆に、ヒトクローン個体は禁止してもクローン胚づくりは容認すべきだと主張する勢力も上院には存在します。

ブッシュ大統領は「クローンを許すということは、ヒト（human beings）が人体部品のために育てられたり、子どもたちが注文書通りに設計されるようになる社会へと、重要な一歩を踏み出す

ことになる。そんなことは認められない」と言います。

ヒトの身体を部品として扱ったり、親が希望通りの子どもを産むことに反対だとするならば、ブッシュが反対しなければならないことはほかにもあるはずです。臓器移植および再生医療全般、出生前診断、着床前診断（遺伝子診断による胚の選択）などはどうなのでしょうか？

しかし彼は、連邦政府は動物の胚や大人の人間の身体に由来する幹細胞を含む「広い範囲」の研究をサポートしている、とも述べています。ブッシュはまた、クローン研究がもたらす利益は「きわめて推論的なものだ」とも言っています。推論的だと筆者も思います。しかしクローンに限らず、実験的医療の可能性を語る言葉はすべて推論的です。前述した通り、ブッシュは限定条件をつけながらも、ES細胞研究に連邦予算を出すことを認めています。ブッシュは、ES細胞については推進派（バイオ産業）と反対派（保守派）の両方に配慮した「中道」を選びながらも、クローンについては全面的に後者だけに配慮したのです。

すでにブッシュの提案に反対するバイオ産業や患者団体によるロビー活動も始まっています。バイテク大国のアメリカがどのような方向に動くかは、現時点では不明です。

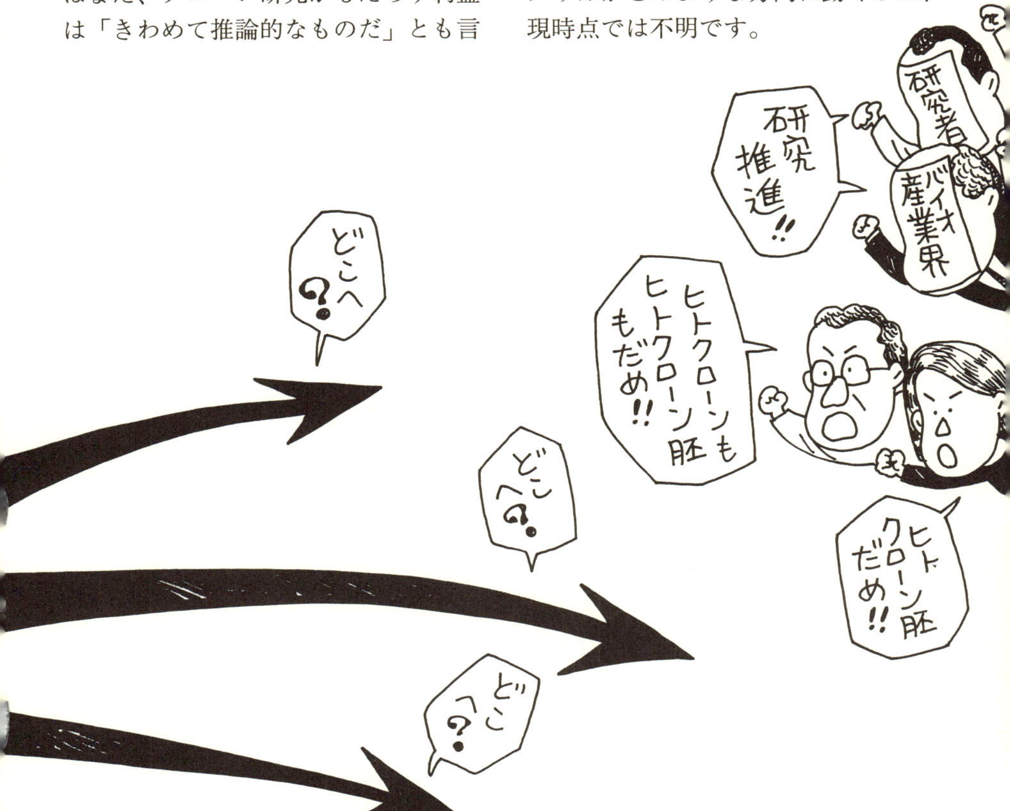

coffee break

その細胞、どこで手に入れたのですか？

ある雑誌の仕事で、白髪の改善薬を開発している企業を取材したことがあります。研究者が提供してくれた資料には、髪の毛が生えている状態の頭皮の断面写真が掲載されていました。説明によると、白髪の研究には髪の毛そのものだけでなく、頭皮が不可欠だといいます。筆者はやや遠慮しながら、研究に使う頭皮はどこから入手しているのですか、と尋ねてみました。すると研究者はやや口を濁しながらも、「つきあいのある外科医から、（脳腫瘍など）頭部の手術で余ったものをもらっています。もちろん患者さんの同意は得ています」と答えてくれました。

それが事実かどうかはわかりません。もしこの研究が成功して、画期的な白髪の改善薬または予防薬が発売されれば、莫大な利益がこの会社に入るでしょう。頭皮の提供者はそこまで詳しい説明を受けたのでしょうか？

別の機会に、遺伝子操作によって細胞を不死化すること（永遠に分裂し続けるようにすること）に成功した研究者を取材したことがあります。実験には、臍の緒の細胞が使われたのですが、その研究所の職員が子どもを産んだときにもらったそうです。「医療廃棄物ですから」。不死化された細胞は、医薬品の安全性実験や人工臓器の材料に用いることが想定されています。この臍の緒をつけて生まれた子どもは、自分の臍から切り離されたもの（自分と同じ遺伝情報を持つ細胞）を使って開発された技術が利潤を生み出すかもしれないことをどう思うでしょうか？

こうした細胞の入手法に公的なルールがないことが最大の問題です。

第4章

生殖技術

人工授精

生殖に介入する技術は人工授精から始まりました。人工授精は、技術とはいっても精液を子宮に流し込むだけのことです。畜産業において“優秀な”雄の精子を用いて、肉質や乳の出がよい家畜を繁殖させることに使われてきました。

人工授精の歴史は古く、最初に人間に応用されたのは1790年で、スコットランドの医師が行ないました。このときはペニスに障害を持った夫の精子が妻に用いられました。

人工授精には、夫の精子を用いる方法と夫以外の男性の精子を用いる方法があります。後者をAID（非配偶者間人工授精）といいます。その場合、誰の精子を使うのかが問題になりました。

夫以外の精子が用いられた人工授精は1884年、アメリカのジェファーソン医科大学で初めて行なわれました。このとき、女性の膣に流し込まれたのは、医学生の精子でした。

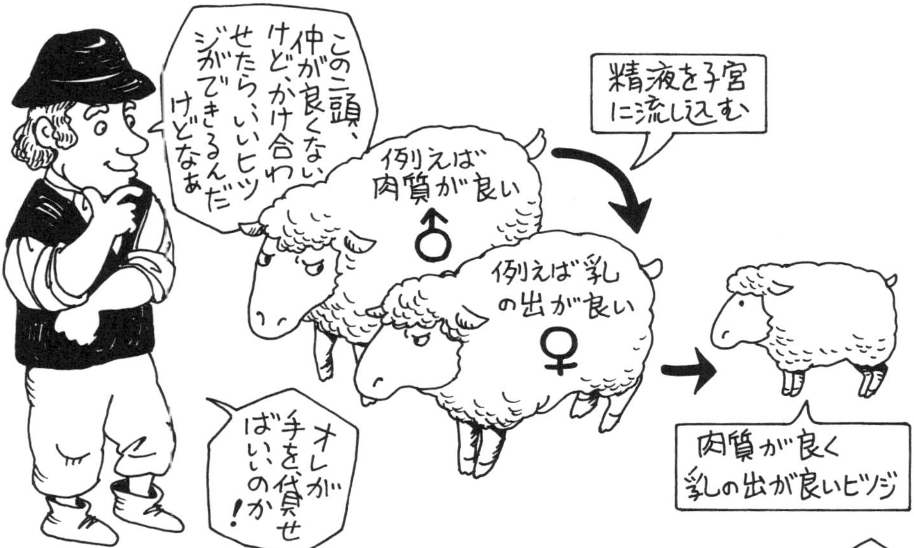

日本では1949年、慶応大学医学部が初めて、AIDによる出産に成功したことを公表しました。

やがて人工授精によって受精させた卵を一度身体の外に取り出し、他人の子宮に移し替えることも可能になりました。これを受精卵移植といい、1984年に初めて行なわれました。カリフォルニア大学の研究者らが、夫の精子をある女性に人工授精し、その受精卵を取り出して、不妊症の妻の子宮に移植して、出産させたのです。この実験には、家畜の受精卵移植を手がけてきた企業が資金を提供していたので、スキャンダラスに報道されました。

人工授精はもともとは家畜の育種技術です。「不妊治療」の名のもと、これを人間に応用し始めた背景には、“優れた”人間の量産という優生学的な考えが隠れていました。それはその後の歴史によっても証明できます。アメリカでは、高学歴で健康な男性の精子が高額で販売されていることはよく知られています。

体外受精

生殖技術に大きな転換をもたらしたのは、体外受精の登場でした。

体外受精とは、女性の身体から卵子を取り出し、体外でそれに精子をふりかけて受精させ、また女性の子宮に戻すという技術です。

卵子を取り出すには、まず女性に排卵誘発剤を投与し、多数の卵子を成熟させて、器具を使って採取します。精子は選別、洗浄、濃縮させ、採卵後約５時間培養された卵子にふりかけられます。そのなかから四つの細胞に分裂したものを子宮に戻します。

世界で初めて体外受精を成功させたのは、イギリスのエドワーズとステプトウです。彼らは1968年に初めて体外での受精に成功しました。そして1978年７月、世界初の体外受精児ルイーズ・ブラウンを誕生させました。

日本で初めての体外受精児は1983年、東北大学で誕生しました。

体外受精には、多くの問題があります。排卵誘発剤は吐き気やめまいなど副作用がたいへん多く、なかには卵巣

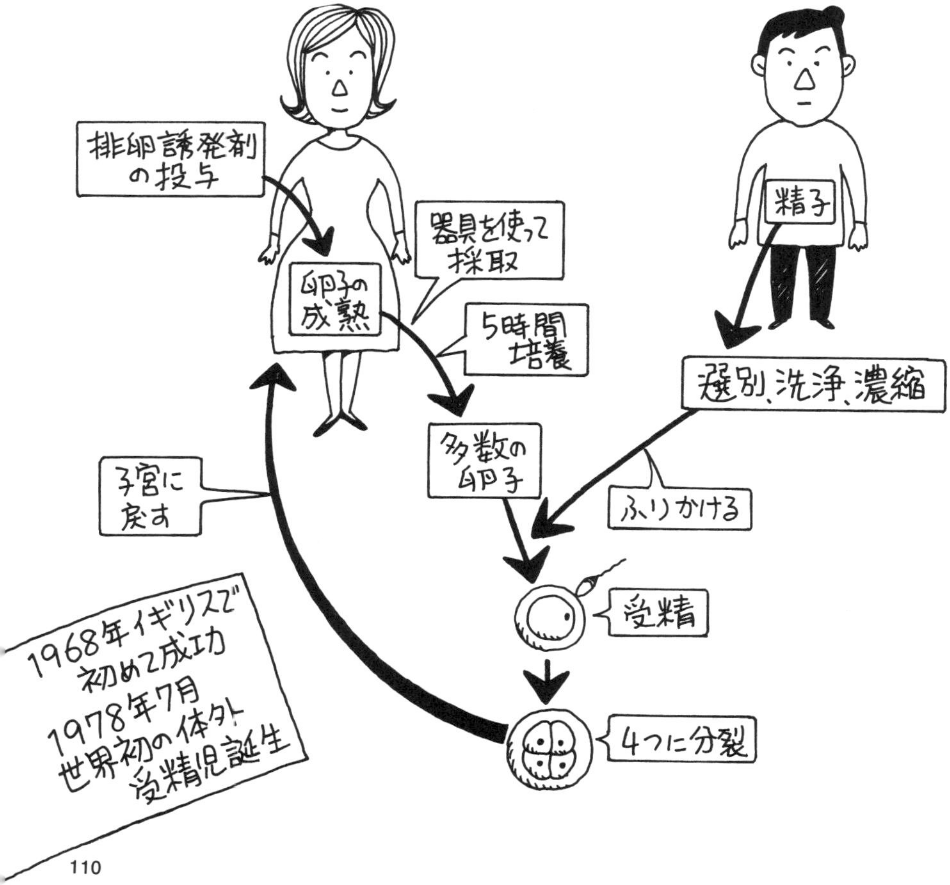

が肥大するといった症状が起こることもあります。脳血栓による重い後遺症や死亡例も報告されています。裁判も起きています。

また、成功率も高くはありません。日本産科婦人科学会が使う「胚移植当たりの妊娠率」は2割程度ですが、真の成功率である「治療周期あたりの生産分娩率」は1割程度にすぎません。そのため膨大な時間と費用、精神的な負担がかかるのです。

たとえ妊娠できたとしても、体外受精では妊娠率をあげるために複数の受精卵を子宮に戻すため、多胎妊娠することが多いことも問題です。流産、早産など母子ともに危険性が増すほか、複数の胎児のうち何胎かを間引くという「多胎減数手術」も問題になっています。

体外受精で子宮に戻さずに「余った」受精卵は「余剰卵(胚)」と呼ばれます。これは第三者に提供できることに加えて、ES細胞の原材料になることから、生殖補助以外の目的にも使えることが明らかになり、問題が複雑化してきました(第3章参照)。

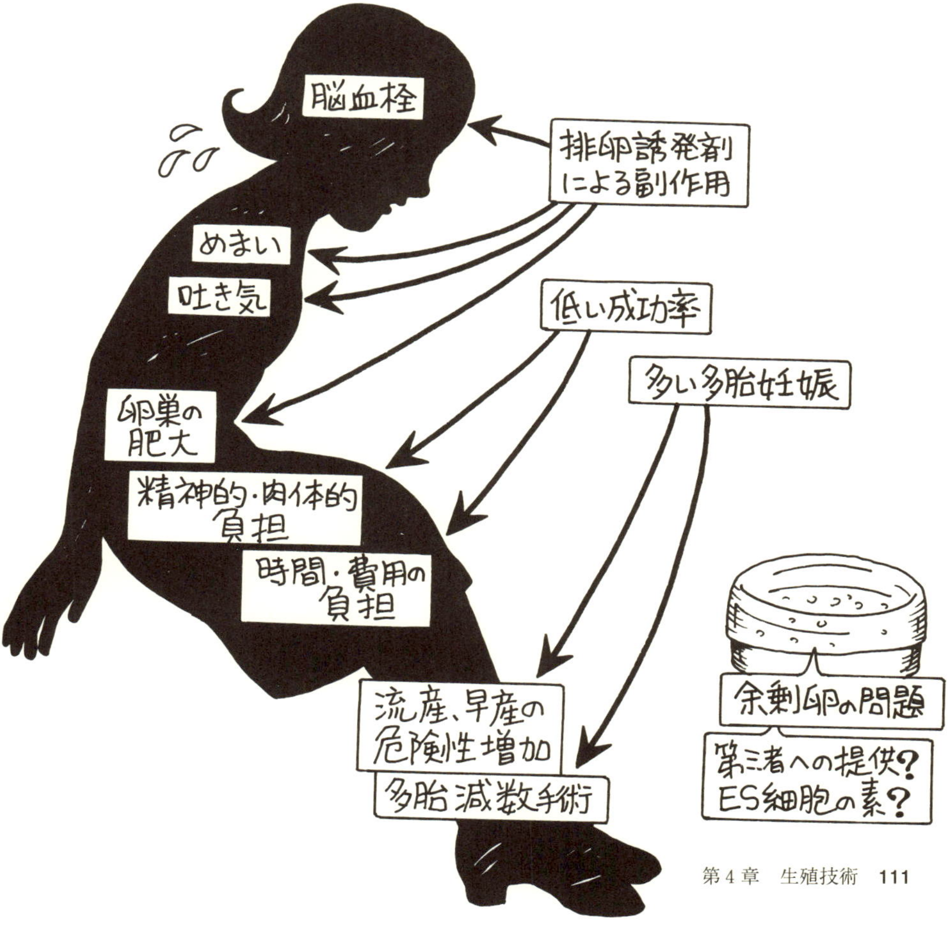

AIDと顕微授精

不妊の原因は、男性側にあることも少なくありません。

たとえば精子の数が少なかったり、運動性が乏しかったりして、通常の体外受精が不可能な場合があります。そのさいにはいくつかの選択肢が考えられますが、第三者から精子を提供されて行なう人工授精が前述のAIDです。当然ながら、この場合、子どもの遺伝的な父親は提供者になります。それゆえ誰の精子を用いるのかが問題になります。たとえば、アメリカで発達しているような精子バンクで、知能、健康、容姿などを基準にして提供者を選べば、そこには必然的に優生学的な価値観と商業主義的な価値観が同時に生殖の営みに入り込むことになります。また、少しでも遺伝的に夫に近い精子を得るために夫の兄弟や父親から提供されることもあるようですが、この場合、家族関係に不要な混乱を持ち込む可能性があります。

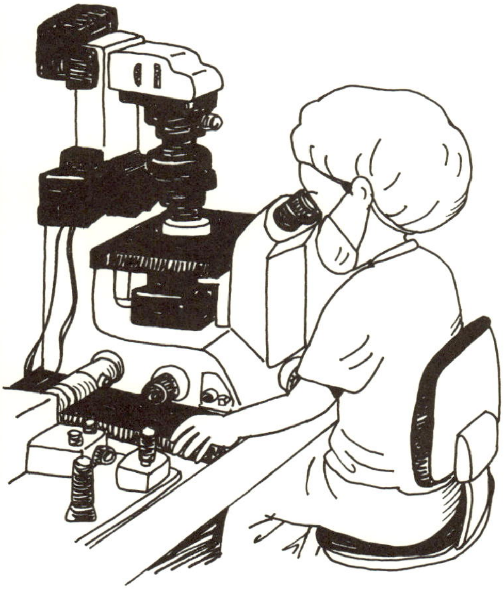

もう一つの選択肢として考えられるのが顕微授精です。体外受精をもう一歩進めたのが顕微授精です。顕微授精とは、体外受精と同じようにして女性から取り出した卵子に、顕微鏡で見ながら針のような器具で穴を空け、そこに精子あるいは精子の先端の部分だけを注入させる技術です。顕微授精にもいくつかの種類がありますが、いま主流である「卵細胞質内精子注入法」では、たった１個の精子だけでも受精させることが可能だといいます。成功率も通常の体外受精よりいいようです。

ただし、通常の体外受精よりも直接的に精子や卵子を扱うために、生まれた子どもに先天的な障害をもたらす可能性があります。顕微授精で生まれた子どもには、通常の子どもよりも先天障害が多いという報告も実際にあります。そのためたとえうまく受精に成功し、子宮に着床した場合であっても、胎児に異常がないかどうか、胎児診断が行なわれることが多いようです。ここでも優生学的な価値観が入り込むことになります。

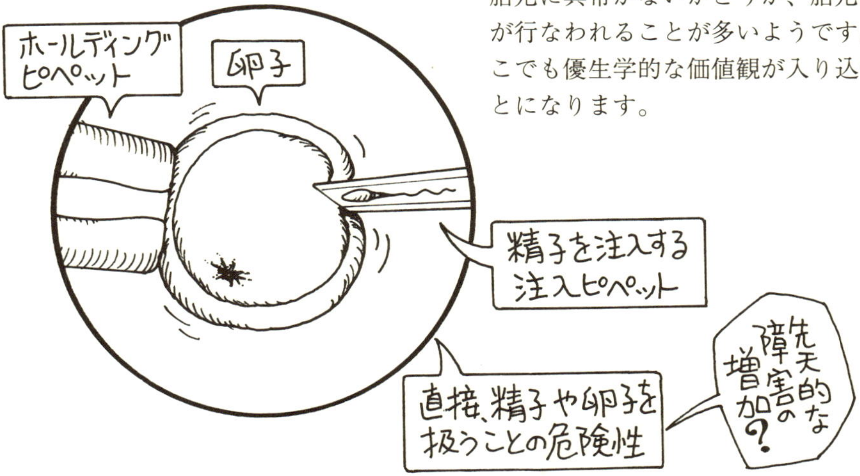

卵子や受精卵の提供、代理母

不妊の原因が女性にあって、しかも通常の体外受精ができない場合にも、いくつかの選択肢が考えられます。

たとえば、卵巣に障害があって卵子をうまくつくることができないという場合には、次のような選択肢があります。一つは、第三者から卵子を提供してもらって体外受精を行なうことです。この場合、生まれた子どもの遺伝的な母親は提供者になるので、精子を提供された場合と似たような問題が生じることになります。もう一つは、体外受精を行なったほかのカップルから「余った」受精卵、いわゆる余剰卵(胚)の提供を受けて子宮に着床させることです。この場合、子どもの遺伝的な親は父母ともに提供者になります。

卵巣だけでなく子宮にも問題があって女性が妊娠も出産もできない場合などには、夫の精子を直接、第三者である女性の子宮に注入し(人工授精し)その女性に出産してもらうという方法も考えられます。この場合、出産する女性は「サロゲイト・マザー」と呼ばれます。代理母の一種です。子どもの遺伝上の母親はこの女性になります。

代理母にはもう一つのパターンがあります。卵子を通常につくることはで

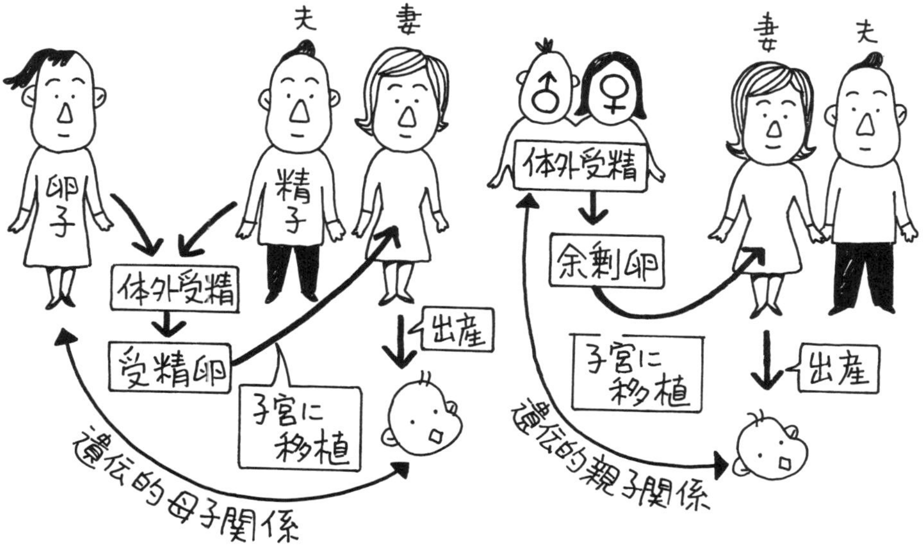

きるが、子宮に問題があって出産できないという場合などには、体外受精でできた受精卵を第三者の女性の子宮に移植して、出産してもらうという方法が考えられます。この女性も代理母と呼ばれますが、より正確には「ホスト・マザー」といいます。この場合、子どもの遺伝上の母親は卵子の持ち主ですが、「産みの母親」は代理母の女性ということになります。

これまで代理母をめぐって、多くの問題が生じてきました。たとえば1986年、アメリカのある夫婦が代理母に子どもを出産してもらったところ、代理母の女性は出産の翌日、子どもを連れ帰って自分で育てようとしました。依頼主夫婦は代理母契約の履行を求める裁判を起こしました。最終的には、依頼主が赤ちゃんを養子として養育する権利が認められ、代理母は親として訪問することが認められました。いわゆる「ベビーM事件」です。

ところが生まれた子どもに障害があった場合などには、どちらも引き取りを拒否するケースがあります。依頼主からすれば、カネを払ったのだから“欠陥品”はいらない、ということでしょう。ここでも優生学的な価値観と商業主義的な価値観が生殖の営みに持ち込まれていることがわかります。

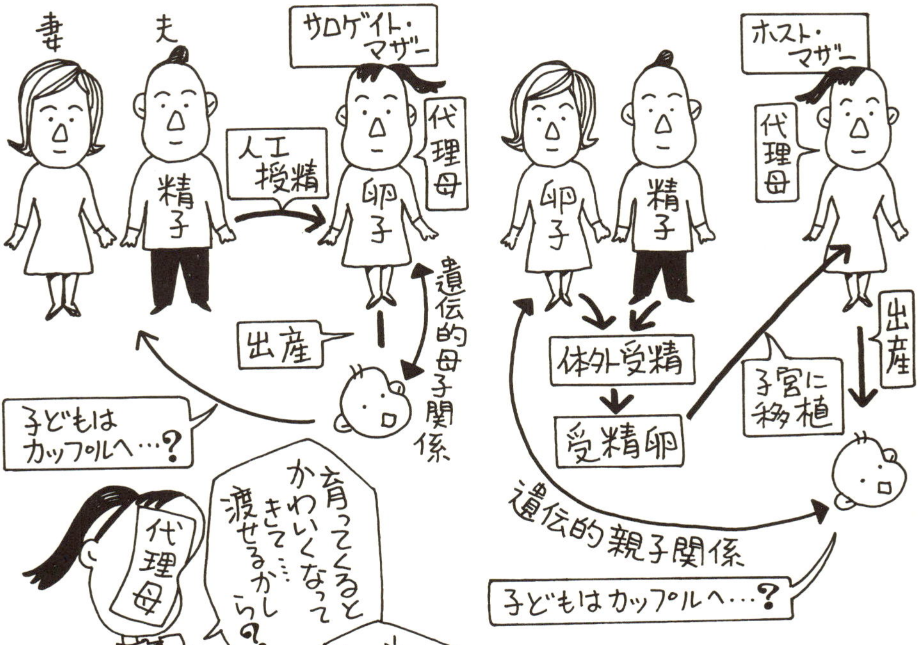

卵子の若返り＝核移植

本書執筆中の2002年２月19日、驚くべき技術が生殖補助目的でヒトに応用されていたことが発覚しました。

東京都新宿区の不妊治療専門医院、加藤レディスクリニックは、40代女性の卵子の核を、核を除いた20代女性の卵子14個に移植しました。そのうち６個が成熟し、さらにそのうち５個が体外受精に成功、１個が胚盤胞と呼ばれる段階まで成長したといいます。簡単にいえば、受精能力の減退した卵子(未受精卵)の核を抜き出し、それを、受精能力の高い卵子(除核したもの)に移植したということです。報道では「卵子の若返り」と表現されていましたが、「卵子の核移植」といってもいいと思います。受精能力の減退、いいかえれば不妊の原因が卵子の細胞質中、とりわけミトコンドリアという小器官の異常にあると仮定したうえで行なわれる技術です。ミトコンドリアにはDNA も含まれ、少ないながらも遺伝

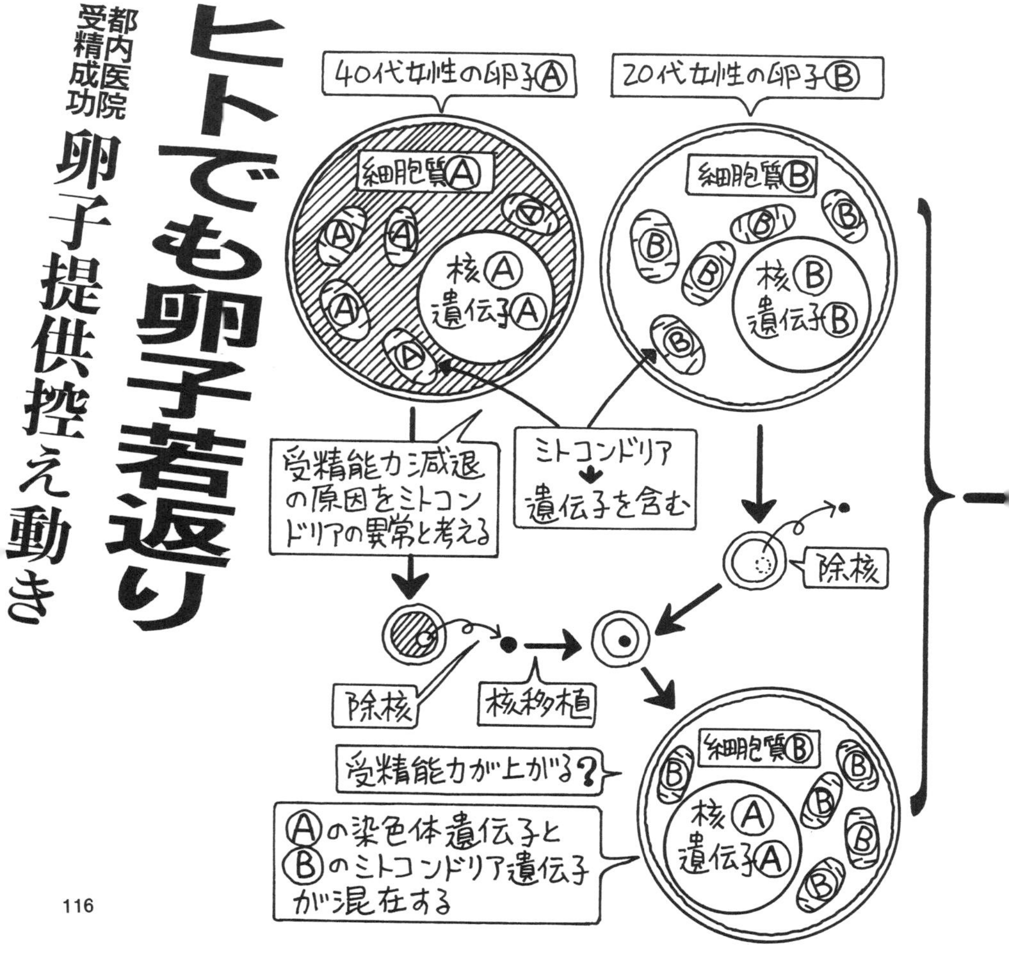

子もあります。だからこの操作を施した卵子は未受精卵であるにもかかわらず、２人に由来する遺伝情報（本人の染色体と卵子提供者のミトコンドリア）を持つことになります。

報道された段階ではこの胚盤胞は凍結保存されており、今後、安全面の問題などが解決すれば、子宮に戻すことも検討するといいます。しかし安全面の問題が解決するというのは、どういう意味でしょうか？　同クリニックはウシでの卵子の核移植に成功していますが、そのウシが１頭も生まれていないうちに、ヒトで実施していたことが発覚したのです。通常のクローン、つまり受精卵や体細胞の核移植で生まれたマウスやウシでも死亡率の高さや先天障害が見られることが問題になっているのですから、それが卵子の核移植でも起こらないかどうか厳密に検討する必要があります。人体実験であるとしかいいようがありません。

こうした暴挙を規制する公的なルールは、日本には存在しません。

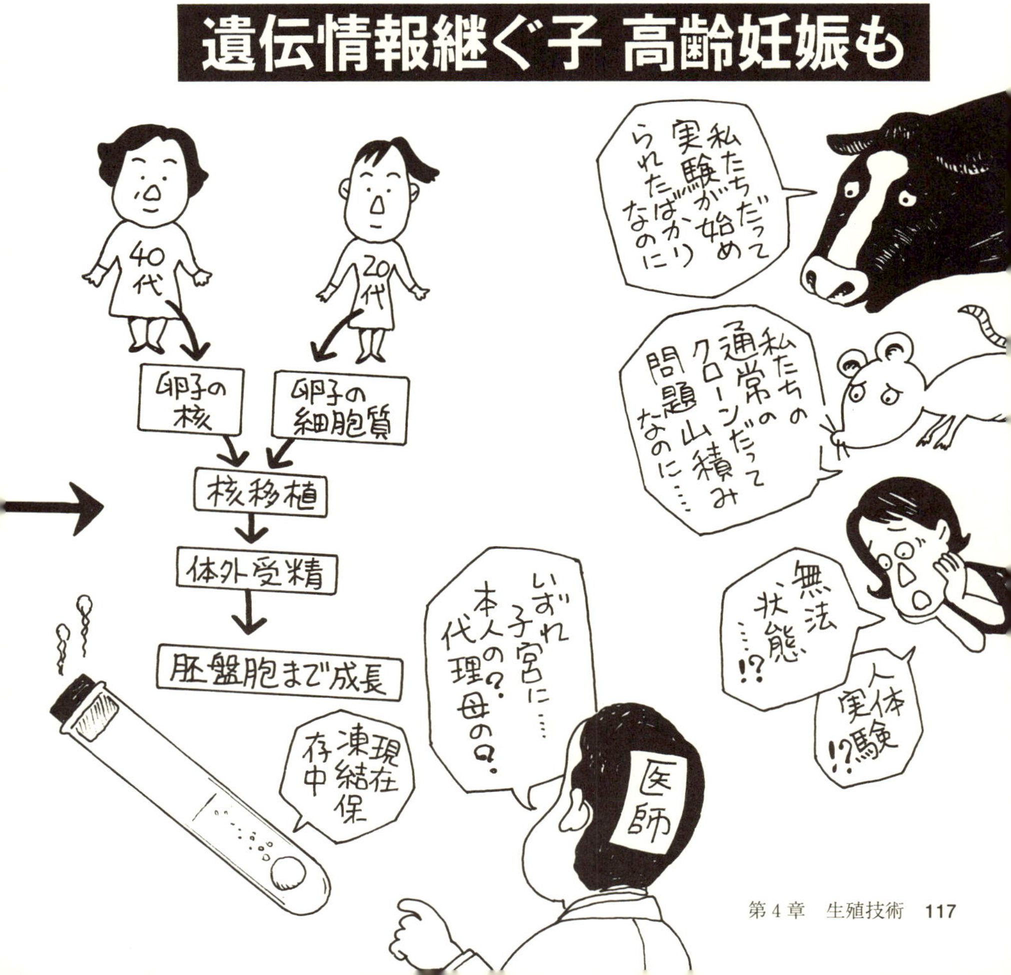

遺伝子治療の指針に違反か？

実は、よく似た技術が、すでにアメリカで実施されています。2001年５月、ニュージャージー州のセントバーナバス生殖医科学研究所は、不妊の女性の卵子に健康な女性の卵子の細胞質を注入して、受精させたうえで生まれた子どもが16人いることを発表しました。細胞質によって卵子を若返りさせるという意味では、同じ技術です。両親のほかに細胞質提供者の遺伝子(ミトコンドリア遺伝子)も新たに受け継ぐことになるので、「世界初の遺伝子改変ベビー」と報道されました。16人のほかに遺伝的な障害(ターナー症候群)が見つかった２胎が中絶されていたことも明らかになりました。

これらの技術と日本に存在する規制体系との関係を見てみましょう。

まず卵子の核移植はクローン技術の一種であるにもかかわらず、後述するクローン技術規制法の網には引っかかりません。実は、同法の国会審議のとき、2000年11月14日の衆議院科学技術委員会の参考人質疑で御輿久美子・奈良県立医科大学助手が、卵子の核移植はまったく検討・審議されておらず、同法の対象外となることを指摘していました。しかしこのことは考慮されな

両親と第三者

遺伝子「改変」ベビー誕生「一線越えた」の声も

米の不妊治療で30人？

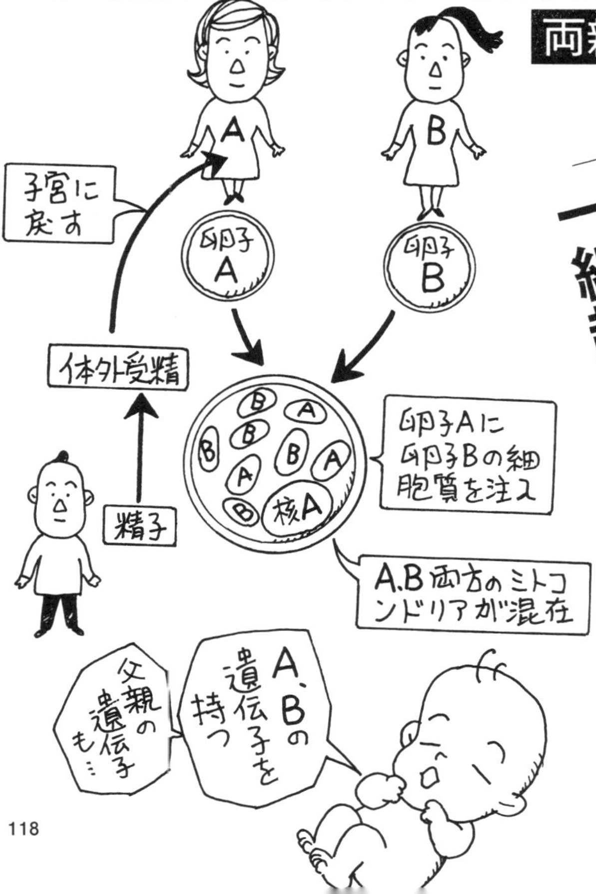

いまま、法案は可決されました。

日本産科婦人科学会の会告（自主規制基準）では、第三者の卵子を使うことは禁止されているので、卵子の核移植も卵子の細胞質注入も違反になるはずです。厚生労働省の審議会が生殖技術のルールづくりを審議中ですが、そこでは第三者からの卵子提供は条件付きで認められる見込みだといいます。

筆者が最も強調したいのは、どちらも厚生省（当時）が定めた遺伝子治療の臨床研究指針に違反するはずだということです。同指針は生殖細胞の遺伝子を改変することを禁止しているのです。卵子の核移植も卵子の細胞質注入も、遺伝子治療が目的ではないし、染色体の遺伝子を改変したわけではありません。しかし提供者の卵子の細胞質中に含まれる遺伝形質は確実に子孫に受け継がれます。

これはやはり一線を越えたとみなすべきです。遺伝子治療・生殖技術の関連学会、厚生労働省、文部科学省、総合科学技術会議はただちに検討を開始し、確実に規制できるような体系をつくるべきです。

遺伝子治療については、もう少し後で触れます。

生殖技術は「安全」か？

生殖技術は本当に「安全」なのか、という問題は昔から問われてきました。最近になって、ショッキングな調査結果が立て続けに報告されました。

2002年２月、スウェーデンのウプサラ大学小児病院の研究者らが、体外受精で生まれてきた子ども5680人と、通常の妊娠で生まれてきた子ども１万1360人を調査したところ、前者は脳性麻痺を抱えている確率が後者よりも高いことがわかったと発表しました。体外受精では、妊娠率を上げるために複数の胚を子宮に戻すことによって、双子や三つ子など「多胎妊娠」になりやすいことがよく知られています。その影響で、誕生時の体重が軽くなる傾向があることも知られてきました。彼らの調査では、通常の妊娠で生まれてきた子どもたちに比べて、体外受精児には脳性麻痺の子どもが3.7倍いることがわかったのですが、多胎ではない子どもだけを見ても、2.8倍いることがわかりました。

さらに2002年３月には、オーストラリアとアメリカの研究者による２本の調査結果が同時に発表されました。

西オーストラリア大学の研究チームが体外受精で生まれた子ども1138人と、通常の妊娠で生まれた子ども4000人を調査したところ、体外受精や顕微授精で生まれた子どもの約９％が、心臓や手足などに先天的な障害を抱えていることがわかりました。それに対して通常の妊娠で生まれた子どもでは、4.2％だったといいます。

また、アメリカの疾病対策センターの調査では、体外受精を含む生殖技術で生まれた子ども４万2000人を調査したところ、通常の妊娠で生まれてきた子どもたちよりも誕生時の体重が軽くなる傾向があることがわかりました。前述の通り、体重が軽くなるのは多胎妊娠のせいではないかといわれてきたのですが、この調査では、双子や三つ子ではない子どもでも、誕生時の体重が軽くなる傾向があることがわかりました。

日本の産婦人科医たちは、体外受精など生殖技術の安全性は確立されていると言い続けてきました。それは生殖技術で生まれてきた子どもや家族に対する偏見が生まれないようにするための「配慮」なのかもしれません。しかし少なくとも以上のような調査結果の存在はもっと知られるべきでしょう。

「安全」？では調査結果を、どう受けとめるか…
「安全」とは何？
研究者
スウェーデン
明らかに生殖技術による「異常」の発生率は高い……
研究者
アメリカ
一般の人々はどれほどこの調査結果を知らされているのか？
研究者
オーストラリア

生殖技術の根本的問題

これまで不妊治療とも呼ばれる生殖技術について述べてきましたが、いくつかの問題が共通して存在することが見えてきたと思います。

第１に、生殖技術を発展させてきた「不妊治療」という動機ですが、「不妊」という状態は「治療」しなければならない「病気」なのでしょうか？「不妊」というのは、女は子どもを産んで当たり前、という古い家族観によってつくり出された「幻想としての病気」ではないでしょうか？

第２に、「不妊治療」とはいいますが、人工授精にしても体外受精にしても、生殖技術は不妊の女性の身体を妊娠できるように「治療」するわけではありません。「治療」という言葉はカップルを誘い込む広告コピーのように使われています。

第３に、不妊の原因は、男女どちらにも存在する可能性があります。しかし生殖技術は、女性に対してだけ肉体的・精神的負担がかかります。1996年ごろから話題になった環境ホルモン問題は、不妊の原因は男性にもあることを知らしめました。同時に、急にあわてふためく世の中がいかに男性中心でできているかも明らかにしました。

第４に、生殖技術はもともと家畜の育種、つまり経済的な価値のある家畜を量産するために発達してきた技術です。それを人間に応用すれば、優生学的な価値観が入り込むことは必然的です。逆にいえば、生殖技術は障害者の存在を否定する技術ともいえます。この技術では、先天障害を持つ赤ちゃんが生まれることは“失敗”を意味するのです。

第５に、「不妊治療」は需要がきわめて大きく、すでに大きなビジネスとなっています。膨大な金額がかかることによって、不平等が生じるという問題もありますが、それ以上に、生殖という営みに商業的な価値観が入り込むという問題があります。

たとえば、ある不妊クリニックで体外受精で生まれた赤ちゃんに先天障害が見つかり、その事実が世間に知れ渡れば、そのクリニックにとっては、ビジネス上の大きなマイナスポイントになるでしょう。第４の問題と第５の問題は表裏一体なのです。

こうした問題は広く議論される間もなく、技術の発展だけが先行してきました。生殖技術はそうして既成事実化されてきたのです。

ルールの不在

そして1998年、第３章で述べたように、アメリカの研究者らがヒトの受精卵からES細胞を樹立することに成功しました。身体から取り出された受精卵(胚)が、生殖補助以外の利用価値を持ち始めたのです。

そこで体外受精で胚をつくったカップルは、使わないことにした胚(いわゆる余剰胚)をどうするか、選択を迫られることになりました。すなわち廃棄するのか、ほかのカップルに提供するのか、生殖補助医療を含む産婦人科の研究目的で提供するのか、それとも再生医学の研究目的で提供するのか……。医師はカップルに、これら選択肢をすべて提示し、十分に説明したうえで同意を得る必要があります。

しかし日本には、生殖技術を規制する公的ルールはありません。日本産科婦人科学会がつくった一連の会告がありますが、これは自主規制的な指針であり、もし破っても罰則はありません。

長野県の産婦人科医が妹など第三者から提供された卵子で体外受精を行なってきたことを公表するなど、生殖技術が社会的問題として報道されるよう

になると、旧厚生省もようやく生殖技術を公的に規制するための検討を開始しました。1998年秋のことです。

後述するクローン技術規制法が国会で審議されている最中の2000年11月13日、不妊に悩む人の自助グループ「フィンレージの会」の有志が、衆議院科学技術委員会に対して、クローンやES細胞の研究が密室で行なわれることがないように情報公開を求める意見書を提出しました。意見書によると、医療機関に受精卵を凍結保存してもらった経験がある会員のなかで、保存期間の終了後、実験材料にもなりうる受精卵をどう処理したかについて医師から連絡を受けた人はほとんどいないといいます。また同会がまとめたアンケート調査「新・レポート不妊」によると、凍結受精卵の保存期間についても、約35％の人が医師からの明示はなかったと答えたといいます。

2001年７月、厚生科学審議会の専門部会が、2000年12月に旧厚生科学審議会の専門委員会がまとめた答申をもとにして、生殖技術を規制する法令案をまとめる作業を開始しました。2002年度中に審議を終わらせ、2003年には法律を成立させたい意向だといいます。

coffee break

「精子減少」が生殖技術を正当化する

環境中にまき散らされた化学物質が、動物や人間の体内に入り込むと、何らかのかたちでホルモンの働きに作用し、精子の減少や生殖器の先天障害、がんなどを引き起こす……そうした現象を引き起こす物質のことを「外因性内分泌攪乱化学物質」といいます。通称「環境ホルモン」です。

数年前に環境ホルモンが大問題となったとき、マスコミなどで最も強く叫ばれたのが「ダイオキシンやプラスチックに含まれる環境ホルモンが原因で、精子が減っているのではないか？」ということでした。

しかし、いま冷静になって考えるべきポイントが３点あります。

第１に、精子は本当に減っているのかということ。第２に、精子数の平均値はともかくとして、精子が少ない人がいるとしたら、その原因が環境ホルモンなのかということ。そして第３に、精子が減るということはそもそも悪いことなのかということ。

精子がかなり減っている男性でも、女性を妊娠させることができたという報告例はあります。また、たとえ妊娠させることができないとしても、そのことをすべての人にとって悪いことだとみなす根拠はありません。

環境ホルモンによって精子が減っていると煽る評論家や市民運動家の一部は、生殖能力のある者のみを正常と見なす、優生思想的な価値観を自ら吐露していました。残念なことです。

こうした風潮が、女性のみに負担がかかる生殖技術を正当化し、同時に優生思想的な価値観をばらまいた可能性には、もっと注意を払うべきです。

第5章

遺伝子治療

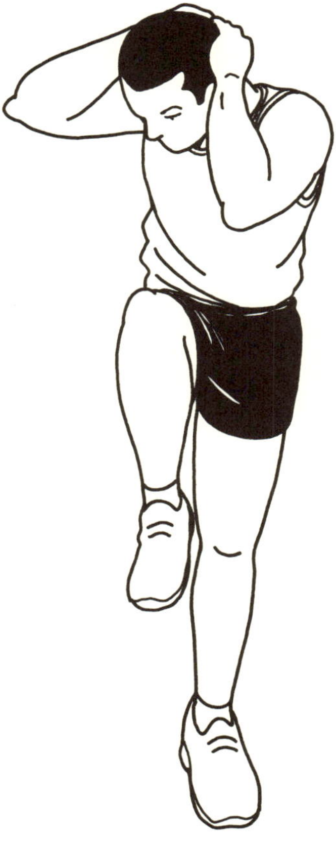

遺伝子治療とは何か？

第１章でヒトゲノム解析について見てみました。今後、遺伝子の機能が明らかになっていけば、その情報はさまざまな技術に応用されます。その一つに遺伝子治療があります。

遺伝子治療とは、治療に必要な遺伝子をウイルスなどのベクター（遺伝子の運び役）に組み込んで患者の体内に注入し、その働きによって病気を治そうとする医療技術です。もう少し踏み込んでいうならば、ヒトに対する遺伝子組み換え技術です。

「遺伝子組み換えというのは、生物の巧みさから学んだ技術です」

1990年代の後半、遺伝子組み換え作物の取材をしていたとき、ある研究者は筆者にそう説明しました。

市場化された遺伝子組み換え技術としては、有用なタンパク質の遺伝子を組み込んだ微生物がつくる医薬品や、1996年から日本にも輸入され始めた遺伝子組み換え作物などがあります。

いま各国政府の主導で、食品、医療、環境などの各分野で遺伝子研究が急速

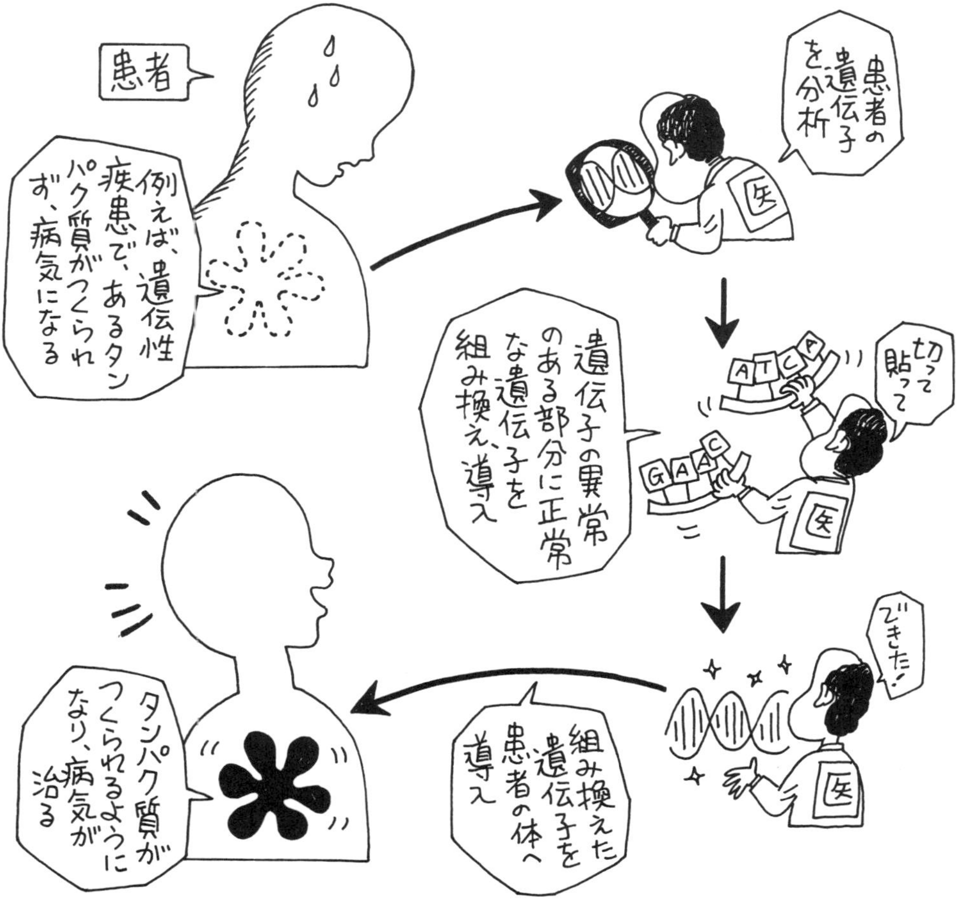

に進んでいます。世界中の企業や国の研究機関が、ウイルスや細菌、植物、動物、そしてヒトの遺伝子すべてを解析し、その情報を利用して遺伝子組み換え動植物をつくって、産業に役立てようとしています。まさに遺伝子産業化の時代、“バイテクフィーバー”とも呼べる状況です。その過程の中で、ヒトも遺伝子組み換えの対象になってきたのです。そうして、がんやエイズを治す“夢の治療法”として、遺伝子治療もまた注目を集めてきました。

そもそも遺伝子組み換え技術はどのように開発されたのでしょう？　この技術は、ウイルスや細菌——病原体が生物に感染する能力の研究から生み出されました。つまり源流は「自然現象としての遺伝子組み換え」なのです。前記の研究者コメントはそういう意味です。そして人間はウイルスや細菌をコントロールし、“家畜化”したつもりになっています。しかし、彼らからの逆襲をかわす手段を持ち合わせているとは限りません。

遺伝子治療の現状と問題点を見てみましょう。

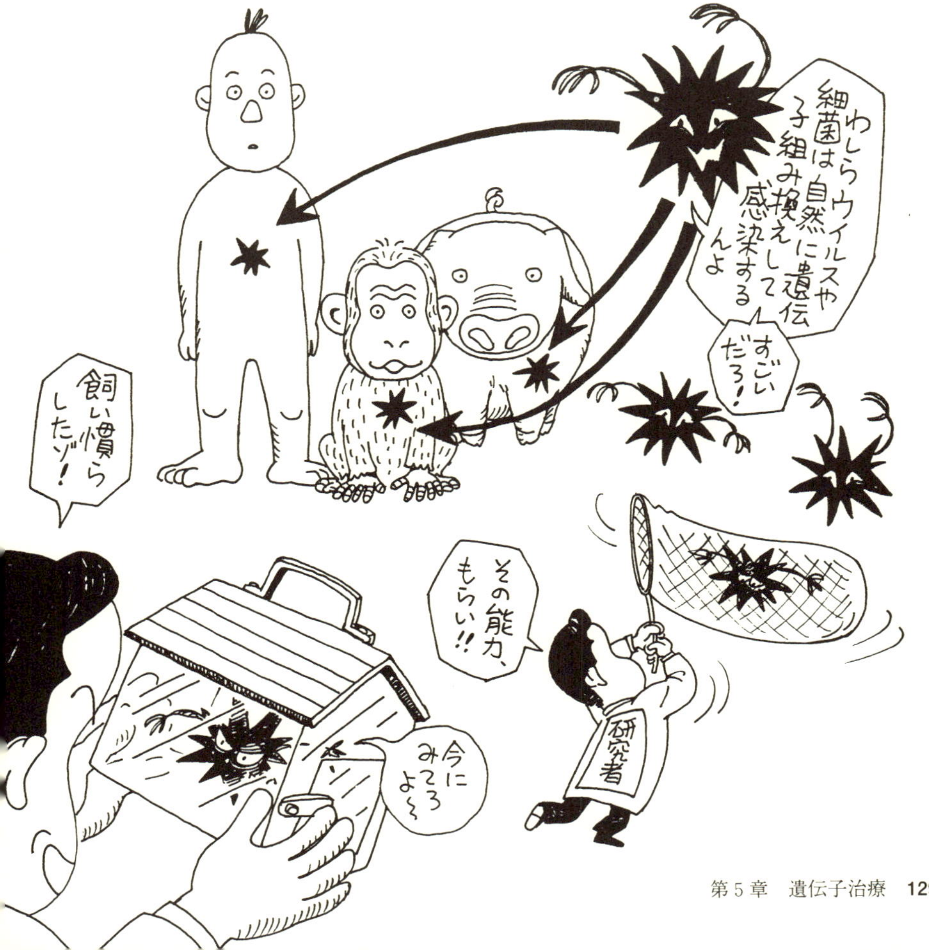

遺伝子治療の手順

遺伝子治療は最初、遺伝性疾患(遺伝病)を対象に行なわれました。遺伝性疾患とは、遺伝子の塩基配列中の異常(変異)が原因で発症する病気です。たとえばあるタンパク質がつくられないことで起こる病気ならば、そのタンパク質を薬品として投与することなどが対症療法として行なわれてきました。しかし、もしそれを根本的に治そうとするなら、遺伝子レベルでの治療が必要だと医学者や生物学者は考えるようになりました。

遺伝性疾患に限りませんが、遺伝子治療は、おおむね次のような順序で行なわれます。

まず、その病気がどのタンパク質ができないために起こるのかを確認し、そのタンパク質を暗号化している遺伝子を見つけます。ヒトゲノム解析研究の進展により、病気に関連するタンパク質の遺伝子は毎日のように発見され続けています。

次に、このタンパク質をつくる正常な遺伝子を健康な人から取り出し、それをPCR法という方法で増やします。増やした遺伝子は、ウイルスなど「ベクター」に組み込みます。ベクターとは「運び屋」と訳されるように、遺伝子を目的の細胞の中に運び込む役割を持つもののことです。レトロウイルスと呼ばれる一連のウイルスがベクターとして有益だとわかってから、遺伝子組み換え技術は急激に発達したのです。ベクターにはプラスミドという環状のDNAや、リポソームという油脂のカプセルのようなものが使われることもあります。

そして次に、患者の身体から遺伝子を組み込む細胞を取り出します。遺伝性疾患の場合には、骨髄から採取した幹細胞が用いられます。こうした細胞に、ベクターを使って(ウイルスベクターであれば細胞に感染させて)、正常遺伝子を核の中に運び入れます。病気の種類によっては、病気の患部に直接ベクターを送り込むこともあります。そしてベクターによって運ばれた正常遺伝子が、不足していたタンパク質をつくり出し始めたことを確認してから、細胞を患者の体の中に戻します。うまくいけば、不足していたタンパク質が働き始め、患者の容体は回復します。

例えば
遺伝性疾患の治療

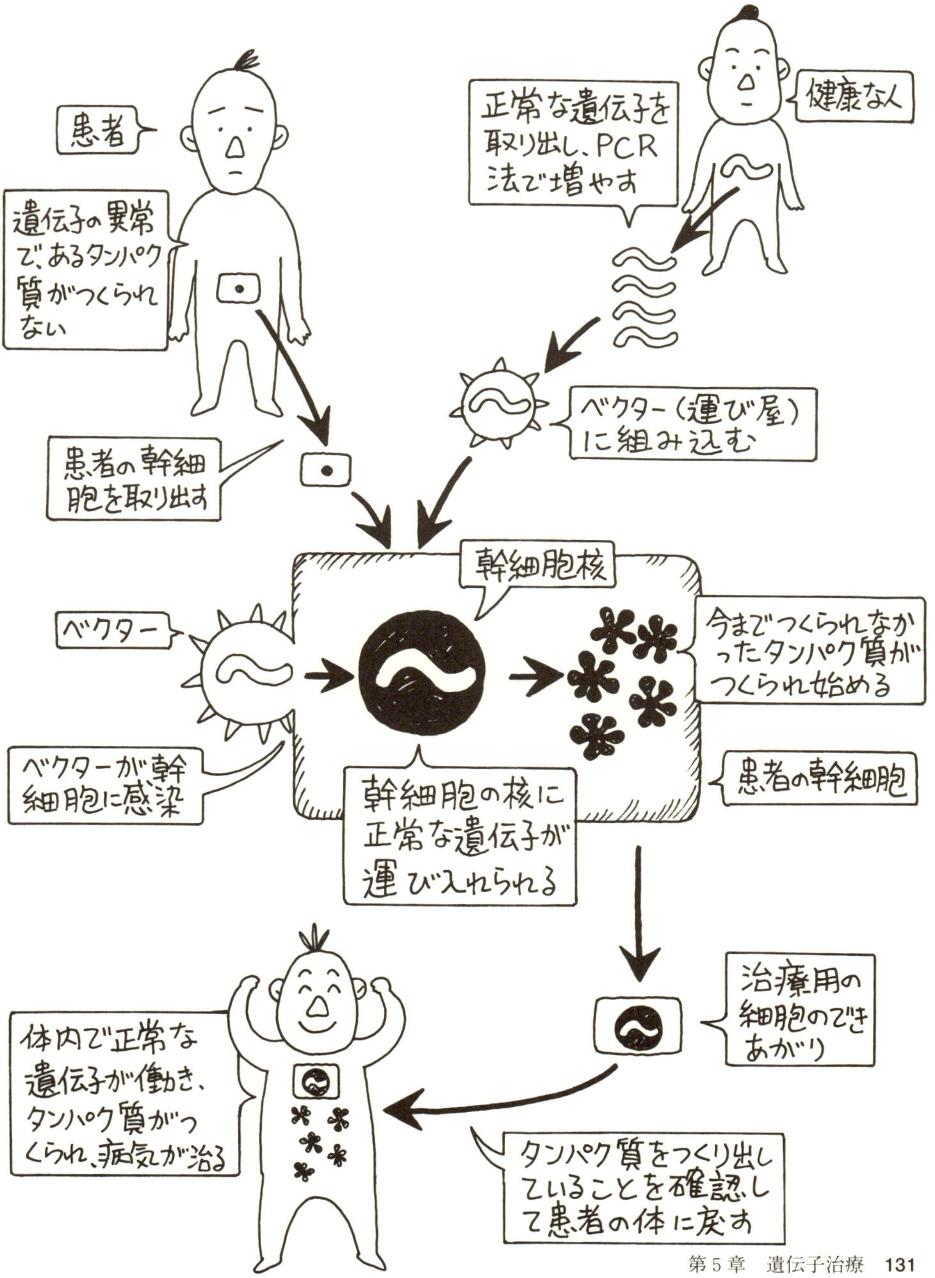

患者
遺伝子の異常で、あるタンパク質がつくられない
健康な人
正常な遺伝子を取り出し、PCR法で増やす
ベクター（運び屋）に組み込む
患者の幹細胞を取り出す
幹細胞核
ベクター
今までつくられなかったタンパク質がつくられ始める
ベクターが幹細胞に感染
患者の幹細胞
幹細胞の核に正常な遺伝子が運び入れられる
治療用の細胞のできあがり
体内で正常な遺伝子が働き、タンパク質がつくられ、病気が治る
タンパク質をつくり出していることを確認して患者の体に戻す

遺伝性疾患からがん、エイズへ

1990年、世界で初めて公式に行なわれた遺伝子治療は、アメリカで、アシャンテ・デシルヴァという女の子に実施されました。アシャンテがかかっていたADA欠損症という遺伝性疾患は、ADA（アデノシンデアミナーゼ）という酵素を生まれつきつくることができないために起こる免疫不全症候群です。日本で初めて行なわれた遺伝子治療もまた、1995年に北海道大学医学部付属病院でADA欠損症の男の子に対して行なわれました。

アシャンテに遺伝子治療を行なったのはNIH（米国立衛生研究所）のマイケル・ブレーズらです。ブレーズらは2年間にわたって、アシャンテに合計11回の遺伝子注入を行ない、毎月1回リンパ球を検査し続けました。その結果、DNA遺伝子がきちんと働き続けていることが確認され、その治療は打ち切られました。その後は定期検診を受けるだけで、健康な状態を保ち続けているといいます。

しかし、この遺伝子治療ははっきりと「効果があった」と認められているわけではありません。このことは後述します。

それ以降、遺伝子治療は日本を含む世界各地で実施されていますが、その半数強はがんが対象です。日本で2例目に行なわれた遺伝子治療の対象もがんです。1998年秋、腎臓がんを対象に、東大医科学研究所付属病院が実施しました。

がんの遺伝子治療の代表的な方法は、がんを抑制する働きのある遺伝子「P53遺伝子」をベクターのウイルスに組み込み、がん組織に注入するというものです。P53遺伝子に異常があると、がんになりやすいと考えられているからです。ベクターには、アデノウイルス（風邪などを起こすウイルス）やレトロウイルス（マウス白血病ウイルス）が使われます。うまくいけば、腫瘍が縮小し、痛みがやわらぐはずです。

がんの次に多いのは、HIV（エイズ）の遺伝子治療です。いまでは糖尿病や高血圧の遺伝子治療もあります。

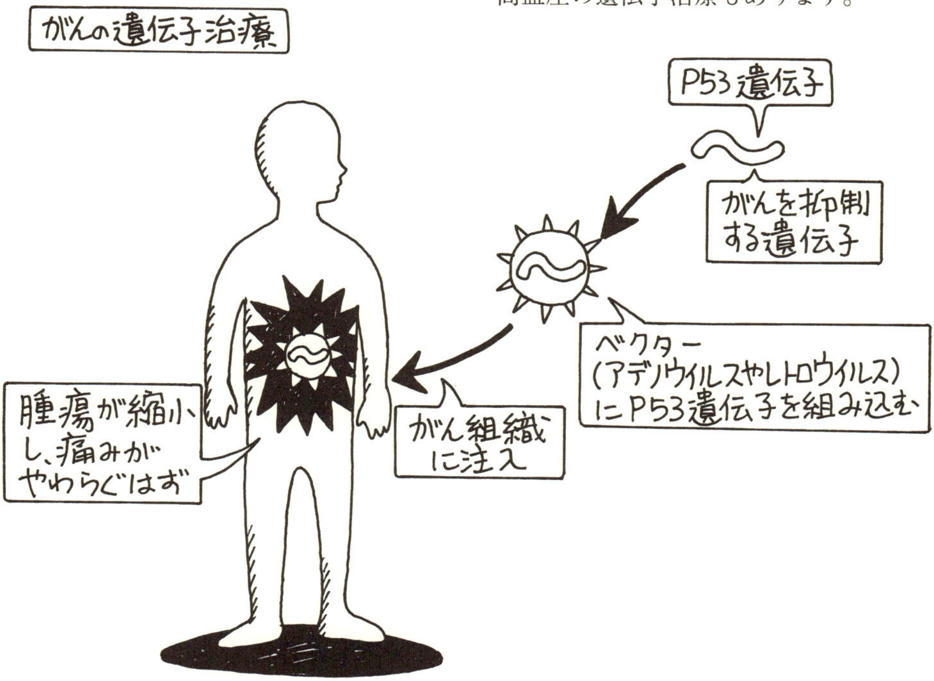
がんの遺伝子治療
P53遺伝子
がんを抑制する遺伝子
ベクター（アデノウイルスやレトロウイルス）にP53遺伝子を組み込む
がん組織に注入
腫瘍が縮小し、痛みがやわらぐはず

ES細胞、クローン技術を応用した遺伝子治療

2002年3月、ホワイトヘッドバイオメディカル研究所のルドルフ・ヤーニッシュらが、ES細胞、クローン、遺伝子治療という三つの技術を組み合わせた治療法の実験に成功したと発表しました。

彼らは、免疫機能が働かない遺伝病のマウスから皮膚の細胞核を取り出し、それを核を除いた別のマウスの卵子(除核未受精卵)に移植して、クローン胚をつくりました。次にこれを胚盤胞と呼ばれる段階にまで培養して、その中にある「内部細胞塊」という細胞からES細胞を樹立しました。彼らはこのES細胞に、遺伝子組み換え技術で「正常な遺伝子」(ある免疫関連タンパク質をつくる遺伝子)を組み込みました。そしてそのES細胞を免疫細胞のもとになる細胞に分化させてから、病気のマウスに移植しました。その細胞は体内で免疫細胞になり、3～4週間後には、免疫反応を起こす抗体がつくられたことが確認されました。

もし人間で同じことを行なえば、移植される細胞の遺伝情報は自分(患者)と同じものなので、拒絶反応は起こらないはずです。「My ES」だとか

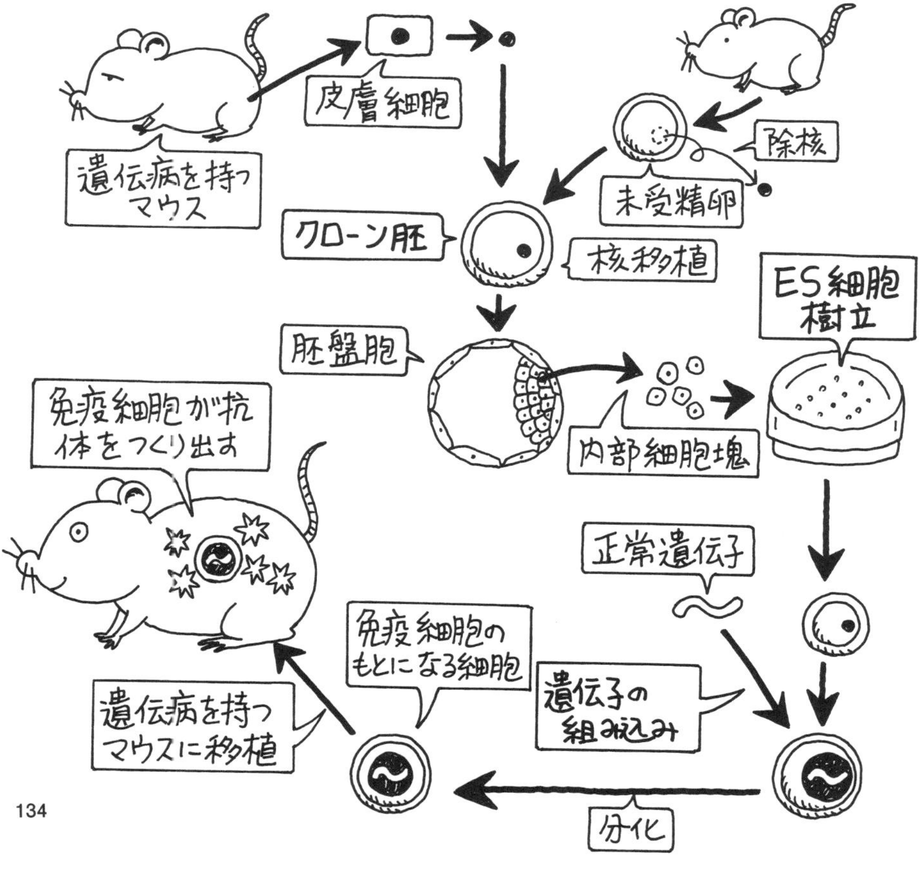

「オーダーメイド再生医療」などと呼ばれている医療モデルです。動物を使った実験で、成功したのは初めてです。

ここでつくられるクローン胚は、子宮に入れればヒトクローン個体の出産につながります。また、日本の「クローン技術規制法」はいまのところ、その下につくられた指針によってクローン胚をつくること自体を禁止しているので、この実験をヒトに応用することは許されていません。

法律そのものでクローン胚づくりを禁止している国もあります。アメリカのジョージ・ブッシュ大統領も、クローン胚づくりを禁止する法案を支持しています。ヤーニッシュらの発表は、その判断にゆさぶりをかける研究成果であります。

ただしクローン（核移植）の成功率は、現時点ではおそろしく低いので、実験段階でも臨床応用段階でも、かなりの数の卵子を女性の身体から取り出す必要があります。遺伝子組み換えの成功率も低いうえ、遺伝子組み換えそのものによる問題も生じるかもしれません。

適切な情報公開とルールづくりがなされるのはもちろんのこと、社会的な議論がもっと起きてほしいところです。

製薬企業の主導

遺伝子治療は、最初は、生まれつき遺伝子に何らかの異常があるために起こる希少な遺伝性疾患が対象とされていました。ところが対象の病気はがんやエイズへとどんどん広がり、いまでは糖尿病や高血圧の遺伝子治療も行なわれています。なかでもがんが多いのは前述の通りです。

その理由は簡単です。アメリカにある遺伝子治療研究所のネルソン・ウィーベル博士は、すでに1995年の雑誌記事の中で次のようにコメントしています。「遺伝子治療に参入する民間企業が増えてきている。企業は、大人数の患者を治療できる見込みがない限り、多額の研究開発費を使うことを正当化

できないからである」(『サイエンス』95年8月25日号)。

遺伝子治療の成果は、目的の遺伝子を細胞に導入するベクターにかかっています。そしてそのベクターを医薬品と見なし、開発・供給しているのはほとんどが製薬企業やそれらと提携するベンチャー企業です。たとえば、熊本大学ではエイズの遺伝子治療が行なわれるはずだったのですが、ベクターとして使われるレトロウイルスは、薬害エイズを引き起こしたミドリ十字(現・吉富製薬)の関連会社が開発したものでした(最終的には中止されました)。岡山大学の肺がん遺伝子治療では、RPR ジェンセル社のベクターが使われました。遺伝子治療は各製薬企業の治験、つまり製薬会社がベクターを商品化するための臨床試験として行なわれることが多いのです。北海道大学で行なわれたADA欠損症の治療などは治験ではありませんが、それぞれバイオ企業が開発したベクターが使われています。

患者が数万人に1人しかいないような遺伝病だけを対象にしても利益にはつながりません。そのため遺伝子治療は、遺伝性疾患でも効果が確認されていないうちから、がんやエイズなどへときわめて急速に対象が広がっていったのです。

ところが実は、世界的に見ても「著しい効果が見られた」という遺伝子治療の成功例は、前述した遺伝性疾患などほんの数例だけなのです。詳しく見てみましょう。

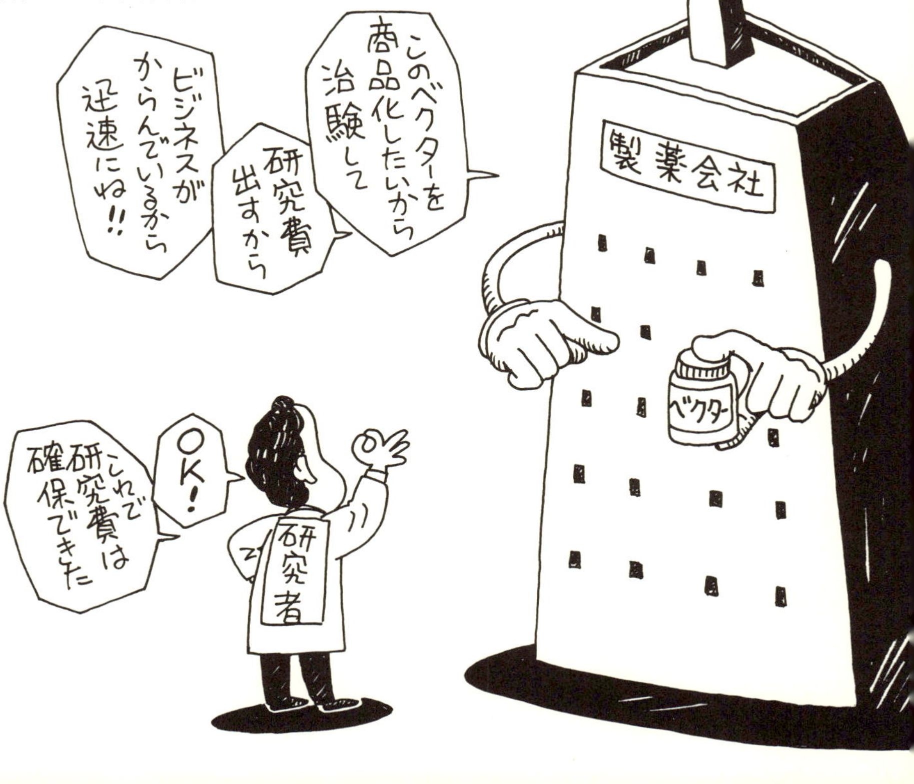

有効性に疑問あり

がんの遺伝子治療では腫瘍が縮小したという報告がありますが、患者が完治して社会復帰したという意味ではないようです。また抗がん剤も併用されているため、腫瘍の縮小が本当に遺伝子治療の効果なのか判別できないのが現状なのです。

アメリカでは、遺伝子治療の有効性に対する疑問がすでに1995年にわき上がっていました。NIH の DNA 組み換え諮問委員会(RAC)は、遺伝子治療のプロトコール(臨床試験計画)を認可する役割を持っています。RAC は小委員会をつくって、それまで認可したプロトコール106件を 7 カ月間かけて調査し、最終的にその結果を報告書にまとめて1995年12月 7 日に発表しました。そこで明確な効果が上がった臨床試験はそれまでに一つもないということが判明したのです。

先ほど紹介した ADA 欠損症の遺伝子治療を正式に報告した論文(『サイエンス』95年10月20日号)も、報告書には参考文献として挙げられています。RAC は彼らの「成功例」をきちんと調べたうえで「効果は上がっていない」と結

論づけたのです。しかし論文にも患者は回復していると書かれています。実は、アシャンテには遺伝子治療以外に、ウシの ADA 酵素を補充するという治療も並行して行なわれていました。本当に遺伝子治療によって回復したのかは断言できないのです。

しかもロサンゼルス小児病院のドナルド・コーンらが、自分たちが行なった同じ種類の遺伝子治療のその後を追跡調査したところ、遺伝子治療で細胞内に新たにつくり出された ADA は、酵素補充による ADA よりも少ないことが判明しています(『ネイチャー・メディスン』98年7月号)。

日本初の遺伝子治療を受けた男の子も最近、治療効果が薄れてきて、新しい手法の遺伝子治療で再治療されることになったそうです(『朝日新聞』2001年11月5日付夕刊ほか)。

ほかの病気を対象にした遺伝子治療でも、効果が上がったという報告はごくわずかです。実際、遺伝子治療は開始されてから12年経ち、数千人の患者が治療を受けましたが、製薬会社が商品化に成功したベクターは一つもありません。いまだに臨床試験、つまり人体実験の段階なのです。

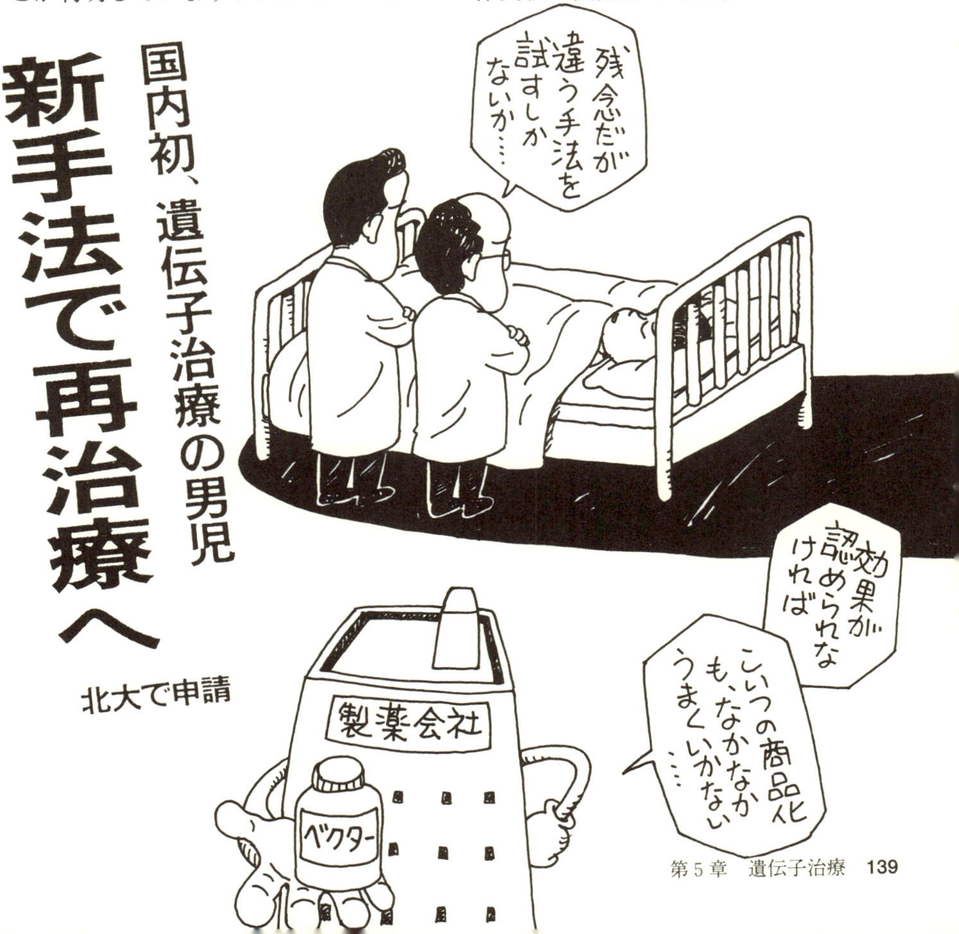
国内初、遺伝子治療の男児
新手法で再治療へ
北大で申請
残念だが違う手法を試すしかないか…
効果が認められなければ
こいつの商品化も、なかなかうまくいかない……
製薬会社
ベクター

安全性にも疑問あり

「遺伝子治療」として行なわれているヒトの遺伝子組み換えには、ほかの生物の遺伝子組み換えと決定的に違う点があります。ほかの生物では一つの細胞に新たな遺伝子を組み込むことで、体全体の遺伝子が組み換わった生物をつくります。その特徴は当然、子孫にも伝わります。それに対して遺伝子治療は、すでに成長したヒトの体細胞に遺伝子を組み込むのです。

遺伝子治療では、大量の細胞のなかから特定の細胞（患部）に遺伝子を送り込まなくてはなりません。ベクターには、その感染力を利用して、ウイルスがよく用いられます。そこでウイルスの病原性を抑えながら感染力だけを利用しなければなりません。だから遺伝子治療はたいへん難しく、危険性も未知数なのです。

実際、ウイルスを使ったベクターの危険性を示唆する報告もいくつかあります。

たとえば、ノースカロライナ大学のリチャード・バウチャーらは、嚢胞性繊維症（重篤な遺伝性疾患の一種）を、アデノウイルスのベクターで治そうとしました。いくつかの細胞が正常な遺伝子を取り込んだのが確認されました

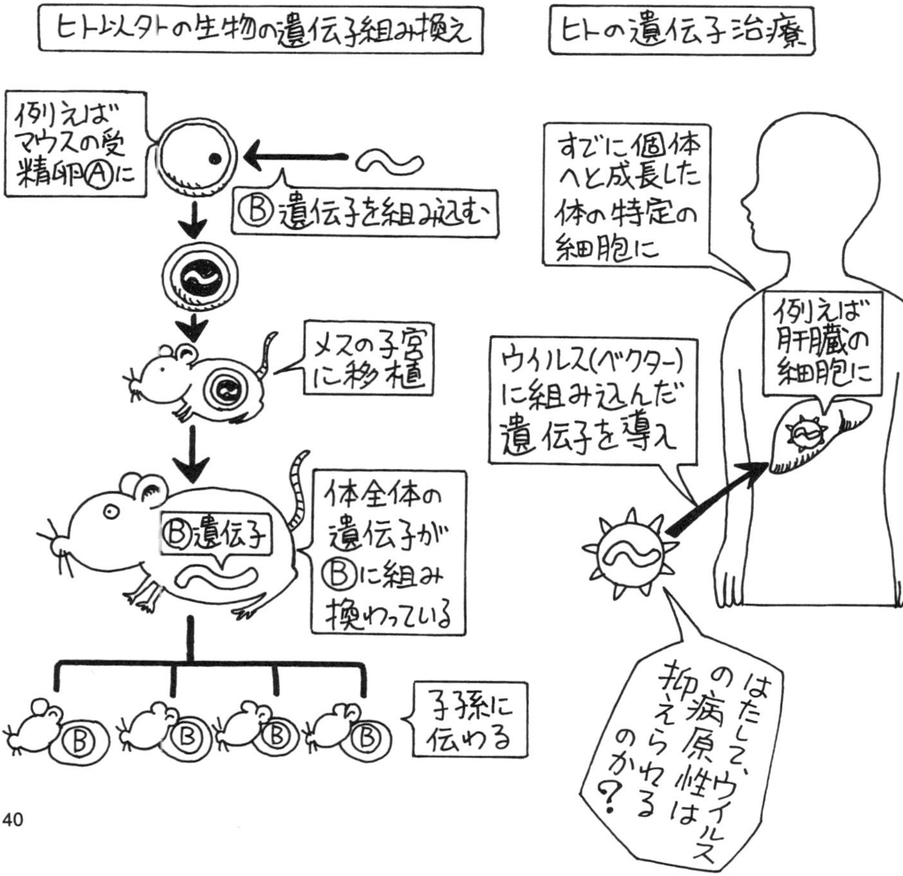

が、効果はありませんでした。論文によると、それ以上遺伝子を導入するのは、「鼻に炎症やはれものを引き起こしてしまうため」、不可能だったといいます。

また、オックスフォード大学のハリー・チャールストンらは、パーキンソン病やアルツハイマー病など神経疾患の遺伝子治療実験をラットを用いて行ないました。最初にアデノウイルス・ベクターを脳へ直接導入したときには異常は起こりませんでしたが、2カ月後に同じラットの足にアデノウイルスを導入したところ、脳に激しい炎症が起きたといいます。

熊本大学で行なわれる予定でしたが中止されたエイズの遺伝子治療では、ミドリ十字(当時)の関連会社がつくったレトロウイルス(マウス白血病ウイルス)がベクターとして使われるはずでした。このベクターは患者の体内で増殖しないように手を加えられています。しかし同じベクターで製造の過程で増殖性を再獲得したウイルスが検出されたという報告がありました。それが患者に感染すれば、がんなどを引き起こす可能性があります。中止の理由は、あくまでもアメリカで実施された臨床試験の有効性が認められなかったから、でありましたが。

ジェッセ・ゲルジンガーの死

1999年9月、アメリカで遺伝子治療の副作用による死者が初めて出ました。ペンシルバニア大学のジェームズ・ウィルソンらが、彼らの男性患者が遺伝子治療の直後に死亡したことについて遺伝子治療が原因だと認めたのです。

被害者はジェッセ・ゲルジンガーというアラバマ州在住の18歳の男性です。彼はOTC欠損症という遺伝性疾患患者でした。遺伝子の異常により、OTC（オルチニン・トランスカルバミラーゼ）という酵素をつくることができず、肝臓でアンモニアを分解できないという希少な病気です。

使われたベクターはアデノウイルスでした。アデノウイルスはもともと風邪などの原因になるウイルスですが、遺伝子治療には、これを有害にならないように遺伝子を改変したものがよく使われてきました。

ウィルソンらはこのベクターに正常なOTC遺伝子を組み込んだものを、ゲルジンガーの股間の動脈にカテーテルで注入しました。

使われたアデノウイルス・ベクターはウィルソン自身が開発したものですが、彼はゲノボ社というベンチャー企業の設立者でもありました。ゲノボ社は、やはりバイオベンチャーであるバイオジェン社やジェンザイム社から資金提供を受けていました。どうやら両社とも、肝臓に使えるベクターの開発に興味を持っていたようです（『ワシントンポスト』2000年11月21日付）。

ベクター投与後、ゲルジンガーの身体にはすぐに高い発熱が見られました。初日には、肝不全と凝血が見られました。2日目には、意識不明になりました。3日目には、呼吸不全が始まりました。そして4日目、生命維持に必要な臓器がだめになり、彼は死亡しました。1999年9月17日のことです。

ゲルジンガーの身体を解剖してみると、著しい量のアデノウイルス・ベクターが脾臓やリンパ節、骨髄などで見つかりました。心臓や精巣、脳でも見つかりました。ゲルジンガーには38兆個ものベクターが投与されたのですが、患部の肝臓に達したのは、わずか1％でした。また、同じ治療を受けたほかの患者を見ても、はっきりとした遺伝子の発現が見られた患者は1人もいなかったことがわかりました(『サイエンス』99年12月17日号)。

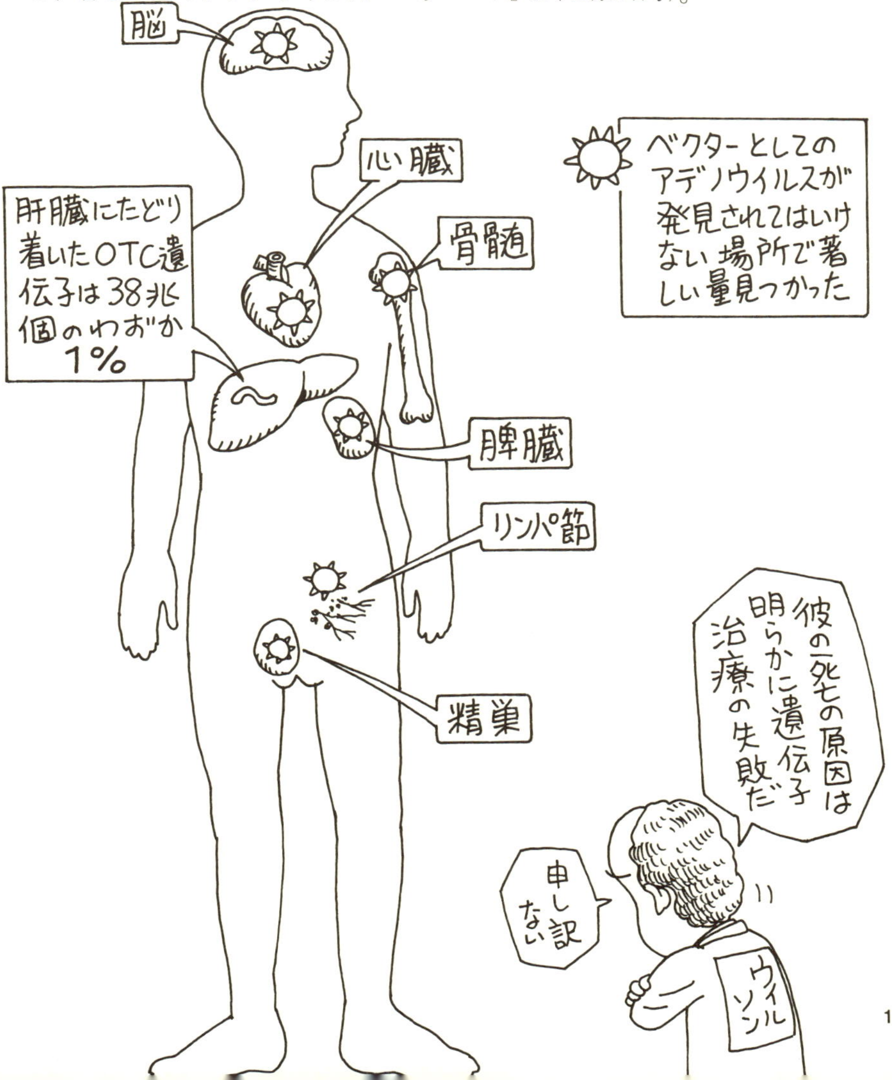

脳
心臓
骨髄
肝臓にたどり着いたOTC遺伝子は38兆個のわずか1%
脾臓
リンパ節
精巣
ベクターとしてのアデノウイルスが発見されてはいけない場所で著しい量見つかった
彼の死亡の原因は明らかに遺伝子治療の失敗だ
申し訳ない
ウィルソン

問題はアメリカ全土、そして日本にも

問題が起きたのは、ペンシルバニア大学だけではありませんでした。

ニューヨークのコーネル・メディカル・センターのロン・クリスタルが行なった心臓病の遺伝子治療では、患者64人中６人が死亡していましたが、NIH（RAC）には報告されていませんでした。この研究のスポンサーであるパーク・デイビス・オブ・モリス・プレインズ社やクリスタルらは、死亡の原因は遺伝子治療ではなく、RACに伝える必要はないと判断したそうです（『ニューサイエンティスト』99年11月13日号）。クリスタルはバイテク企業ゲンヴェック社の設立者でもあります。

ニュージャージー州マディソンにあるシェリング・プラウ社は、同社のベクターを使った遺伝子治療における副作用をRACに報告したさい、それを公表しないように頼みました。しかしRACはその要求を退けました。結腸直腸がんと卵巣がんの遺伝子治療で、２人の患者に副作用が生じたといいます（『ネイチャー』99年11月４日号）。

これらの騒動の結果、2000年５月24日、NIH は遺伝子治療への監視を強化することを発表しました。規則違反には最高100万円の民事制裁金を科す方針を決めたとのことです。

ところが海の向こうでわき起こった大問題は、日本では存在しないことになっているらしく、マスコミ報道も厚生省(当時)における審議会での報告もわずかでした。

むしろいま、日本では遺伝子治療を規制する指針が緩和され、手続きが簡略化されようとしています。2001年２月21日、厚生科学審議会(厚生労働省)の科学技術部会は、遺伝子治療臨床研究の審査方法について、新しい指針案を承認しました。

これまでは厚労、文科の両省で審査されてきたのですが、新指針では厚労省の審査に一本化されます。また、過去に承認されたものと同様の研究は、厚労省が複数の専門家の意見を聞くだけで実施を承認できることになってしまいました。

デザイナー・ベビー

現在、遺伝子治療が向かいつつある方向は二つあります。一つは「治療」から「能力強化」へという流れです。もう一つは「体細胞」から「生殖細胞」へという流れです。前者は、たとえば運動神経や知能を高めることです。後者は、精子や卵子、受精卵の段階で遺伝子操作を行なうことです。

両方を組み合わせれば、生まれてくる子どもから遺伝性疾患の原因を取り去ってしまうことはもちろん、知能や運動神経、さらには身長や目の色まで、親の希望通りに遺伝子レベルでコントロールできるようになるでしょう。そうして生まれてくる子どもは、俗に「デザイナー・ベビー」とか「パーフェクト・チャイルド」と呼ばれています。1998年に封切られたアメリカ映画『GATTACA(ガタカ)』を思い浮かべるとわかりやすいでしょう。遺伝子操作されて生まれることが当たり前になった近未来がリアルに描かれています。

遺伝子治療は、希少で致死的な遺伝性疾患から始まり、やがて患者のより多いがんやエイズにも行なわれるようになりました。最近では、高血圧や糖

『GATTACA』
監督・脚本 アンドリュー・ニコル
音楽 マイケル・ナイマン
出演 イーサン・ホーク、ユマ・サーマン、ジュード・ロウ
ビンセント
主人公ビンセントは"愛の結晶"と呼ばれる、夫婦間のSexで生まれた遺伝子操作なしの子ども
ビンセントの結果に驚いた両親は弟をデザイナー・ベビーとしてつくる
弟アントン
子どもは生まれてすぐ遺伝子解析される
神経疾患の発生率60%、注意力欠如89%、心臓疾患99%。推定寿命30.2歳
ビンセント
遺伝性疾患、若ハゲ、近眼…
弟を…
遺伝子学者
お二人の受精卵は元気に育っています 有害な要素は排除しました

尿病など致死的ではない「生活習慣病」にまでその対象が広がってきました。アメリカでは、ベクターの効率向上を目的に、健康なボランティアへの遺伝子治療実験も行なわれています。問題は、「治療」と「能力強化」は明確に区別できないことです。たとえば、抗がん剤の副作用を抑える遺伝子治療はハゲ対策に、筋ジストロフィーの遺伝子治療は筋力アップに、容易に応用できるでしょう。

そして2000年10月、科学誌『サイエンス』の発行で知られる米・科学振興協会は、生殖細胞に対する遺伝子操作は時期尚早と結論した報告書を発表しました。

同協会は2年以上前から専門家を集めて委員会を組織し、生殖細胞への遺伝子操作がもたらす利点と問題点について検討し、その結果、現時点では安全性も有効性も定かでないので行なうべきではないと結論づけました。報告書は研究を禁止するのではなく、必要ならばその条件を定め、国際的に議論し、規制しようと提言したのです。アメリカの有力団体が生殖細胞への遺伝子操作の研究を条件付きながらも認めたことは注目に値します。

子宮内遺伝子治療

一方、生まれる前の胎児に遺伝子治療をするという計画が持ち上がり、アメリカの科学界で大論争になったこともあります。

南カリフォルニア大学のフレンチ・アンダーソン(マイケル・ブレーズらと世界で初めて公式に遺伝子治療を行なった遺伝学者)らは、1998年秋、胎児段階で行なう遺伝子治療の臨床試験の「予備的プロトコール」をRACに提出しました。対象にしたのは、α-セラセミアとADA欠損症という、2種類の遺伝性疾患でした。これは正式な申請ではなく、議論を引き起こすためのものだとアンダーソンらは述べました。しかも中絶する予定の胎児を対象に行なうと提案したのです。

α-セラセミアはヘモグロビンをつくり出す遺伝子に欠損があることが原因の遺伝性疾患です。最悪の場合、胎児だけでなく母親も生命にかかわる状態になるといいます。だからその胎児に遺伝子治療を行なったとき、もし効果が不十分だと胎児が死ぬだけでなく、その生存期間が延びただけ母親が長く危険にさらされるというジレンマが生じることなどが批判されました。ADA欠損症は前述の通り、世界で初

めて行なわれた遺伝子治療の対象となった遺伝性疾患です。酵素補充法など代替治療があることなどが指摘されました。

また胎児は小さいので、ベクターといっしょに組み込まれた遺伝子が“誤って”胎児の生殖細胞に入り込んでしまい、次の世代に伝わってしまうという懸念も指摘されました。母親から見れば孫の世代に影響するかもしれないということです。

RAC は最終的に、子宮内遺伝子治療は有益な手段ではあるが、臨床試験を行なう前に、動物実験のデータを積み重ねるべきだと結論しました。永久に禁止したわけではないのです。

当然ですが、出生前に胎児の遺伝子を操作するということは人間改造につながり、優生学（優生思想）への道を拓くという批判も多数ありました。この懸念は「優生学への滑り坂」と呼ばれています。

この経緯は、なぜか日本ではほとんど報道されませんでした。遺伝子治療の行きつく場所が優生学への滑り坂かどうかを見極めるためには、子宮内遺伝子治療をめぐる問題はもっと広く知らされるべきです。

暗闇の中に隠された「遺伝病」

アイスランドの天才歌手ビョークの主演映画『ダンサー・イン・ザ・ダーク』は、カンヌ映画祭でも喝采を浴びました。しかし……。

舞台は1960年代のアメリカ。ビョーク演じる東欧からの移民セルマは、いずれ失明するという遺伝病を患っており、同じ運命にある息子ジーン（gene?）には手術を受けさせようと、その費用を貯めながら暮らしています。ある日、セルマはふとしたことで隣人を殺してしまいます。弁護士を雇って裁判で闘えば減刑になる見込みがあるというのに、セルマは息子の手術のために貯めておいたお金を使うことを拒みます。最後まで彼女は息子の手術に固執し、死刑を受け入れました。

この映画では視覚障害は治療されなければならないもの、ただそれだけのものとして描かれています。男友達に「遺伝するとわかっているのになぜ産んだ？」と問われ、セルマは「赤ちゃんを抱いてみたかったの」と答えます。このやりとりは一見、優生思想的な考え方への否定のように見えます。しかしセルマは息子の視覚障害を治療することしか考えておらず、自分が受けなくてもいいはずの死刑を受けてまで、それを貫こうとします。そこには健康至上主義しかありません。それどころか、セルマが逮捕されてからは息子の台詞はなく、彼自身がどう考えているかは最後まで語られません。あるのはセルマのエゴだけです。この映画では、セルマがエゴを貫いたこと、つまり不正と闘わずに息子を健康にすることが「愛」として語られています。

こうした健康至上主義は、バイオテクノロジーがもてはやされる背景にも共通して存在します。

第6章

人体資源化と新優生学

クローン技術規制法

2000年11月30日、参議院本会議で「人に関するクローン技術等の規制に関する法律」、いわゆるクローン技術規制法が採択されました。この法律は、ヒトクローン個体（いわゆるクローン人間）の産生を禁止するという内容ですが、それ以外のクローン関連技術は規制しないという特徴を持っています。結果としてES細胞など、将来的にはビジネスにつながる研究にゴーサインを出すことになりました。

こうした法律がつくられた背景には、第2章と第3章で見たように、体細胞クローン技術とES細胞という二つの技術が開発されたことがあります。

とくにES細胞をつくるためには胚を壊す必要があること、またクローン技術を応用し、核を除いた未受精卵に体細胞を移植してつくった「クローン胚」からも理論的にはES細胞をつくることができることなどから、問題が起こる可能性があり、何らかの規制が必要だという気運が高まってきたのです。

日本ではまず、クローン技術に対応するために首相の諮問機関・科学技術会議が1997年９月、生命倫理に関する課題を広く検討する常設の審議機関として、生命倫理委員会を設置しました。生命倫理委員会は、クローン技術とES細胞をそれぞれどのように規制したらよいかを検討するために、クローン小委員会とヒト胚研究小委員会を設置し、それぞれに報告書をつくらせました。

二つの小委員会では、主に三つの意見が出されていました。第１に、ヒトクローン個体の産生だけを禁止し、違反者には刑事罰を下す個別法をつくるべきという意見。第２に、ほかの生命科学や医療技術とのかねあいを考えると、クローン人間の産生だけを法律で禁止するのは不適当であり、指針で十分という意見。第３に、ヒトクローン個体の産生だけでなく、生殖医療全般を管理する法律をつくり、その下に指針をつくってヒトクローン個体の産生などを禁止するべきという意見。結果的には、第２の意見は第１の意見に収斂され、第３の意見は委員長とそれに同調する委員によって押し切られ、第１の意見で規制の方向性が定まりました。クローン技術規制法は、これらの報告書をもとにつくられました。

法律＞指針＞自主規制

この法律は、人工的につくる胚を「特定胚」と名づけて９種類を挙げています。法律で明確に禁止されるのは、そのうち４種類をヒトや動物の母胎（子宮）に移植することだけです。ヒトの除核未受精卵にヒトの体細胞を移植（核移植）した「人クローン胚」、ヒトと動物の生殖細胞を受精させた「ヒト動物交雑胚」（ハイブリッド胚）、ヒトの体細胞を動物の除核未受精卵に移植した「ヒト性融合胚」（これもハイブリッド胚という）、ヒトの胚と動物の胚または細胞を混ぜ合わせた「ヒト性集合胚」（キメラ胚）の４種類です。

その根拠は「これにより人の尊厳の保持、人の生命および身体の安全の確保並びに社会秩序の維持（中略）に重大な影響を与える可能性がある」（第１条）からだといいます。母胎への移植自体が禁止されるので、中絶や流産で個体の誕生につながらなくても、処罰の対象となります。違反者には10年以下の懲役か1000万円以下の罰金、またはその両方が科されます。

ところが、「ヒト胚核移植胚」など５種類の特定胚を母胎に移植することは、この法律では禁止されません。たとえば、すでにウシでは行なわれている「受精卵クローン」の人間をつくること、人工的に双子や四つ子や八つ子をつくること、異なる２人分の胚を混ぜてキメラ人間をつくること、動物になりうる胚をヒトの母胎（女性の子宮）に移植して妊娠させること、身体の一部がヒトである動物をつくることなどは、法律の下につくる指針で規制されることになりました。それを破ったとしても懲役１年以下で済むことになります。しかもその指針の中身は国会で示されないまま、法律は可決されたのです。

また法律で禁止されるのは母胎への移植であって、胚の作製自体ではありません。胚の作製も法律ではなく、指針で規制されることになりました。

それ以外のヒト胚を扱う研究、とりわけ生殖技術にかかわる研究は、これまで通り日本産科婦人科学会の自主規制にまかせることになりました。つまり、同じヒト胚を扱う研究でありながらも規制の厳しさに格差があることになったのです。いま、厚生労働省の厚生科学審議会が生殖技術を規制する法律の叩き台をつくろうとしていますが、それとの整合性がとれるかが問題になるでしょう。

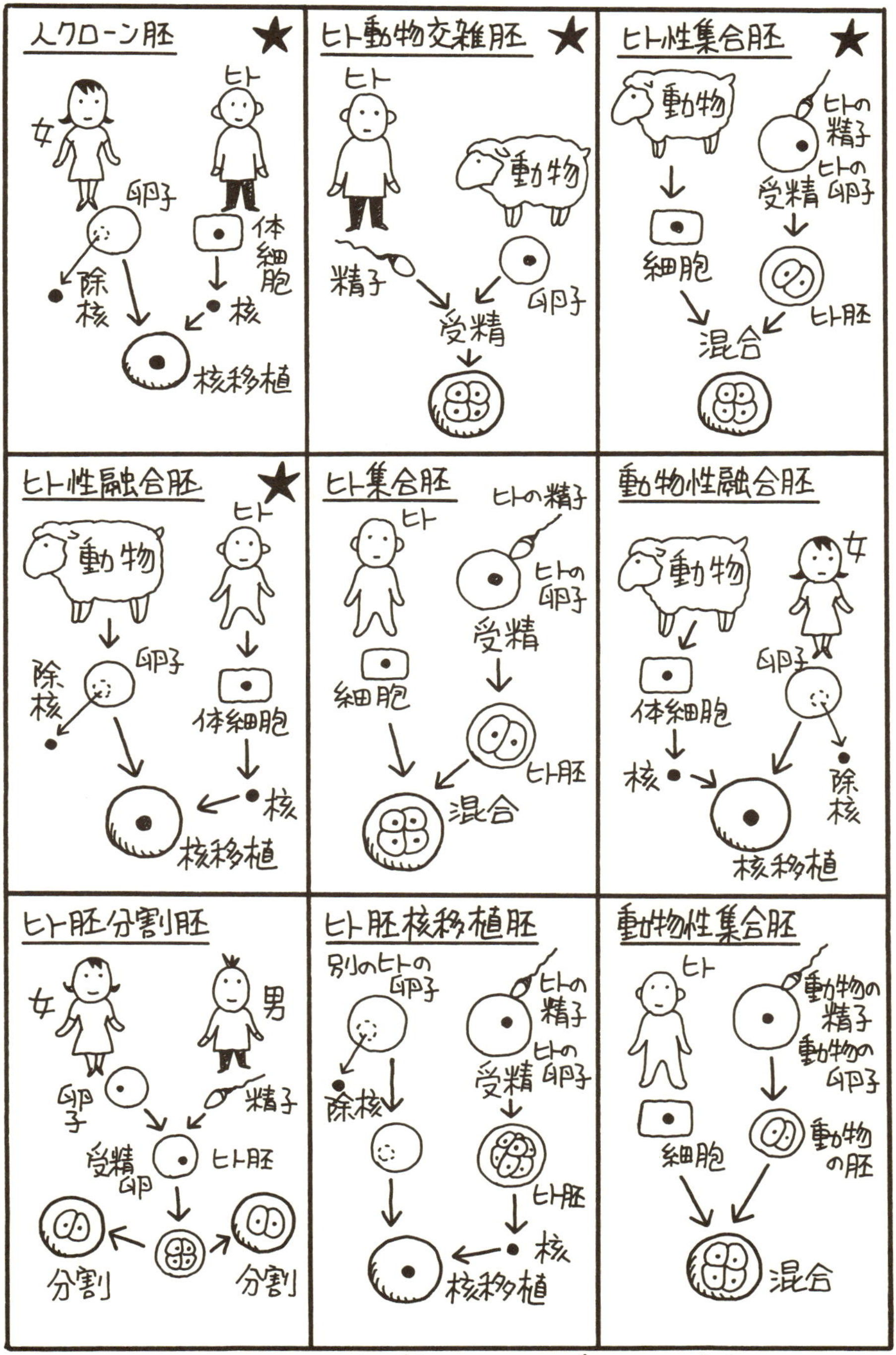

●子宮に入れることを法律で明確に禁止されるのは★印の4種類

日本再生医療学会

2002年4月、初めての日本再生医療学会が京都で開催されました。

2001年6月に施行された「クローン技術規制法」によって、ヒトクローン個体をつくることは最高懲役10年の罰則付きで禁止されましたが、ヒトクローン胚をつくることは、この法律では直接的に禁止されていません。同法の下に設けられた「特定胚研究利用指針」で禁止されています。

この規制体系(システム)について、学会ではかなり批判的な意見が相次ぎました。たとえば、同学会倫理委員長の塚田敬義・岐阜大学教授は講演の中で、ヒトクローン胚の研究が指針で禁止されている現状を「ナンセンス」と強く批判し、見直しが必要と主張しました。また、同学会長の井上一知・京都大学教授も記者会見で、「学会は病気の治療を最優先に考えており、再生医療にヒトクローン胚の研究は必要だ。学会として国に見直しを求める」と述べました(4月18日付『京都新聞』『毎日新聞』など)。イギリスのように、ヒトクローン胚の作製は認めて、つくった胚を子宮に戻してヒトクローン個体をつくることを禁止するべきであるというのが彼らの主張です。

彼らに欠如しているのは、負担のジェンダー・バランスについての想像力

です。ヒトクローン胚が受精胚と大きく異なるのは、その材料です。受精胚からES細胞をつくる場合には、体外受精を試みたカップルから「余剰胚」を提供してもらうことになります。つまり両性の細胞を使用しています。しかしヒトクローン胚からES細胞をつくる場合には、移植を必要とする患者の体細胞と、除核未受精卵が必要になります。

では、その未受精卵はどこから、誰から入手するのでしょう？　患者の親族の女性、ボランティアの女性、手術で採取された卵巣、中絶胎児の卵巣などいくつかのルートが考えられますが、いずれにしろ、肉体的、精神的負担は女性だけに偏ってかかることになります。

また、その過程が産業に組み込まれることの是非についての想像力も欠如しています。未受精卵の提供はまず確実に無償で行なわれるでしょう。彼らはそれを使った研究で得た技術と特許でビジネスを展開しようとしているのに、提供者には１円の利益ももたらされないのです。しかも同学会は、特許取得など知的財産の管理や臨床試験を推進するためのNPO(非営利組織)法人まで設立しようとしています。

学会からの申し入れによって指針が緩和され、ヒトクローン胚の研究利用が解禁される可能性は低くありません。

ミレニアム・プロジェクト

日本政府はなぜ、このような甘い法律をつくったのでしょう？　それはES細胞からの移植用組織づくりの研究と、民間企業によるその産業化を国家として推進するためです。

2000年４月、日本政府は「ミレニアム・プロジェクト」をスタートさせました。ミレニアム・プロジェクトとは、当時の故・小渕恵三首相が「21世紀の豊かな経済社会を築くため」に「大胆な技術改革に取り組むこと」を目的に、1999年７月に実施を表明した産官学協同プロジェクトです。

このプロジェクトが見据えているのは「情報化」、「高齢化」、「環境対応」の３分野における技術革新です。３分野のうち高齢化の研究課題として「ヒトゲノム解析」と「イネゲノム解析」、そして「再生医療」が含まれています。ES細胞の研究は「再生医療」の中の「発生・分化・再生科学総合研究」に含まれています。

ミレニアム・プロジェクトの発端は、1999年５月、小渕首相の私的懇談会「産業競争力会議」の席上で、産業界から革新的な技術開発をしてほしいという強い要請がありました。産業界からの要請、というのがポイントです。

一方、ミレニアム・プロジェクトでは再生医療と並んで、本書第１章で述べたヒトゲノム解析研究も課題として取り上げられています。ヒトゲノム解析研究は、2001年３月施行の「ヒトゲノム・遺伝子解析研究に関する倫理指針」によって規制されます。この時期にヒトゲノム解析や再生医療研究を規制する指針が次々とつくられたのは、このように国と産業界が合同で進めるバイオ産業の進展が背景にあります。

その材料となるのは、ヒトの受精卵や未受精卵(卵子)、精子、体細胞なのです。研究者や医師がそれらを扱うさいに、どういうことを守らねばならないのか、国レベルで規制していかなければならないというのは、当然の流れでした。

しかし、それらの規制体系に矛盾や抜け穴がきわめて多いことは、これまで述べた通りです。

国家バイオテクノロジー戦略

ミレニアム・プロジェクトの背景には、次のような政府の戦略がありました。

前述したように、ヒトゲノム解析研究によって病気に関連する遺伝子がわかれば、その情報は薬品の開発に役立ち、開発者はその特許から莫大な利益を得ることができます。その一方でクローン動物が生まれたり、ES細胞が樹立されたりして、さまざまなバイオ技術が医療産業を活性化しうることに企業も政府も気づき始めました。夢でしかなかった技術が現実化すれば、そこにビジネスチャンスもあるのです。

1999年1月29日、農水省、通産省、文部省、厚生省、科学技術庁の五省庁(いずれも当時の名称)は、共同で「バイオテクノロジー産業の創造に向けた基本方針」を発表し、国家をあげてバイオテクノロジーを強力に推進していく方向を打ち出しました。

これには、日本のバイオ産業が欧米に比べて大幅に遅れていることに対する危機感が背景にあります。つまりこの基本方針は、関係省庁が一丸となって、民間企業や大学とも協力し、国内のバイオ産業をもり立てていこうという国家戦略といえます。

この基本方針は、バイオテクノロジー産業の特徴として次の3点をあげ

ています。
(1)　生物資源が持つ数に限りのある産業上有用な遺伝子を基盤とすること。
(2)　研究開発と事業化が近接していること。
(3)　バイオテクノロジーのヒトへの適用について倫理的な配慮が不可欠であること。

この基本方針では、現状１兆円の市場規模を2010年には25兆円にして、バイオテクノロジー関連産業に新しく参入する企業が1000社にまで増大することを目指しています。

そのための具体的な施策として８項目があげられているのですが、１番目にあげられているのがゲノム解析です。ヒト、イネ(などの植物)、家畜、微生物などの遺伝子を解析し、そこから得られた基本情報を産業界へ提供することで、産業の活性化をねらうことを謳いあげています。そのほかには、新規事業者が必要な初期投資への公的支援など事業化を支援すること、大学における研究の推進とその事業化を促進すること、産官学連携のためのネットワークを強化すること、などが今後の施策としてあげられています。

前述の特徴のうち(3)にかかわる施策は８番目、つまり最後に、国民の理解を促進する、と述べられているにすぎません。この基本計画の特徴、政府の姿勢をよく表しています。

資源としての人体

クローン技術、再生医療、ヒトゲノム解析……こうしたバイオテクノロジーは科学からビッグビジネスへと姿を変え、産業界の寵児となりつつあります。バイオテクノロジーがほかの科学技術と決定的に異なる点として、その材料に石油や鉱石ではなく、人体を用いることに注意してください。人体は、研究段階では研究資源として、臨床段階では医療資源として、そしてそれらがビジネスであれば産業資源として、さまざまなレベルで、さまざまな目的で使われるのです。

人体材料の「供給源」は、生体、死体、死胎に分けられます。

生体、つまり生きているヒトの身体については、生体腎移植や生体肝移植などの提供者や手術を受ける人からは臓器や組織を、血液検査を受ける人や献血・輸血の提供者からは血液を採取することができます。もちろん精子や卵子を得ることもできます。

脳死体や心臓死体からは移植用、実験用を問わず、さまざまな臓器や組織

を得ることが(技術的には)できます。

死胎(胎児の死体)からも、限界はありますが、やはりさまざまな臓器や組織を得ることができます。

そうした供給源から採取される人体資源には、さまざまなレベルのものがあります。

身体全体を資源と見なすことも可能です。生きているヒトは臨床研究の被験者として使われています。死んでいるヒトの場合、つまりまるごとの死体は、医学実験に用いられたことが例外的な事例ではありますが報告されています。また、献体された死体は医学生の研修用に日常的に利用されています。

生きているヒトや死んだヒトの身体からは、臓器、組織、細胞(体細胞)、生殖細胞、遺伝子を採取することができます。

また、厳密な意味で人体ではありませんが、提供者の病歴、家系などの個人情報もまた、ほかの人体資源に付随することによって、資源として大きな価値を持つようになります。

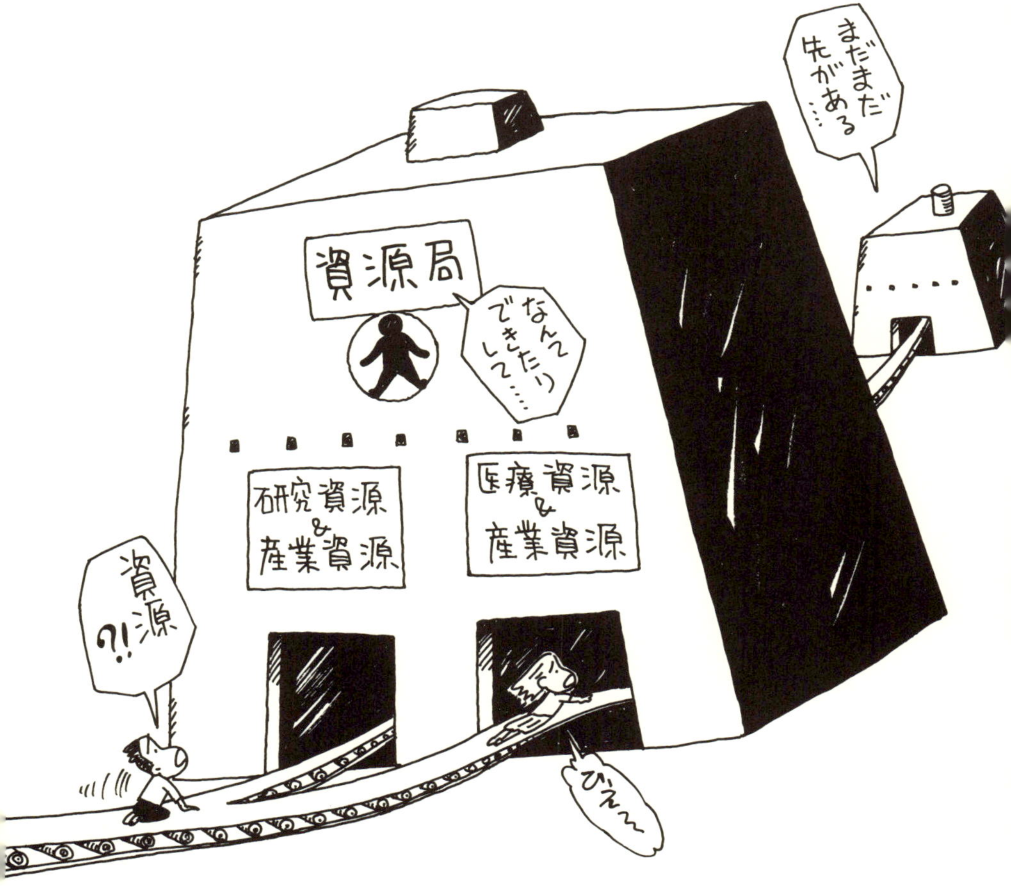

商品としての人体

そして人体は、商品であるともいえます。

この商品という言葉について、法学者の粟屋剛・岡山大学教授は次のように展開します。「商品」は、経済学では「市場で取引される財貨」などと定義されている、バーゲンセールなどで利潤なしに売られるものであっても商品と呼ばれることはある、しかし最初から利潤が見込まれずに生産・流通されるものまで商品と呼ぶことは難しいだろう、と(『人体部品ビジネス』講談社、選書メチエ)。

人体について考えてみると、脳死者や生きている人から無償で提供されて、そのまま患者に移植される臓器は商品とは呼べないでしょう。しかし、インドやフィリピンで報告されている臓器売買においては、臓器は立派な商品といってよいでしょう。

しかし微妙なものもあります。たとえば角膜は「特定保険医療材料」になっており、医療機関は診療報酬を請求できます。患者は医療機関に「特定保険医療材料」代として金を払います(通常「手術代」に含まれるそうです)。医療機関はアイバンクに「あっせん手数料」として金を払います。しかしアイバンクが角膜の提供者に金銭を払うことはありません。粟屋教授は、角膜を商品と断定することはできないまでも、「疑似商品」と呼ぶことはできると述べています(前掲書)。

では、今後ますます盛んになるバイ

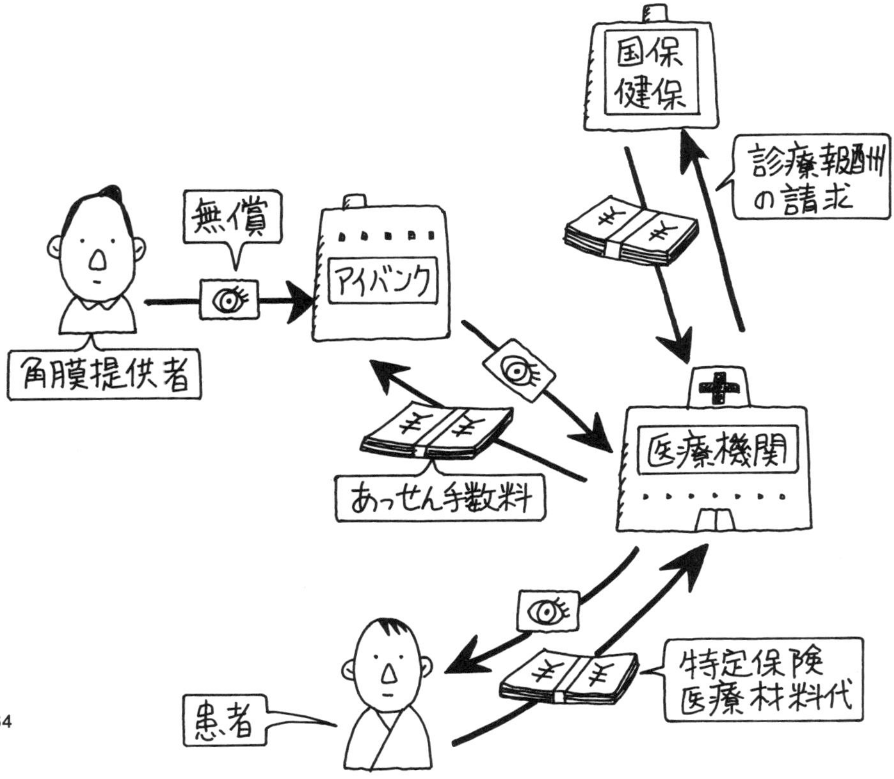

オビジネスで材料とされる人体は商品と呼べるのでしょうか？　たとえば日本でもいくつかの企業が操業し始めているティッシュエンジニアリング（組織工学）関連のビジネスモデルでは、人体材料は次のように扱われます。

まず医師（提供者側医師）は、大学病院などで患者の同意を得たうえで人体材料（抜歯のさいにとれた口腔粘膜や手術で摘出された臓器の一部など）を採取します。企業はその医師を通じて、人体材料を無償で入手します（ただしその医師がその企業の役員などの要職に就いている場合も多い。当然、その報酬は得ています）。企業は入手した人体材料を独自の技術で加工して、移植などに使える「製品」にし、医師（患者側医師）からのリクエストに応じて医療機関に納入します。自分たちで「商品」と呼ぶことはないようです。患者側医師はそれを患者の治療に用います。

最終的には、患者は医療機関に「手術費」などに含めるかたちで金を支払い、医療機関は企業に「加工費」などの名目で金を支払います。しかし企業も提供者側医師も、提供者に金を払うことはありません。また、企業はそこで使われる技術の特許権の取得者（発明者）にライセンス料を払う必要がありますが、取得者がその技術を開発するさいに使った人体材料の提供者に、金を払うことはありません。バイオビジネスで用いられる人体材料を商品と呼んでいいかは微妙なところですが、角膜の例にしたがえば、少なくとも疑似商品と呼ぶことはできそうです。

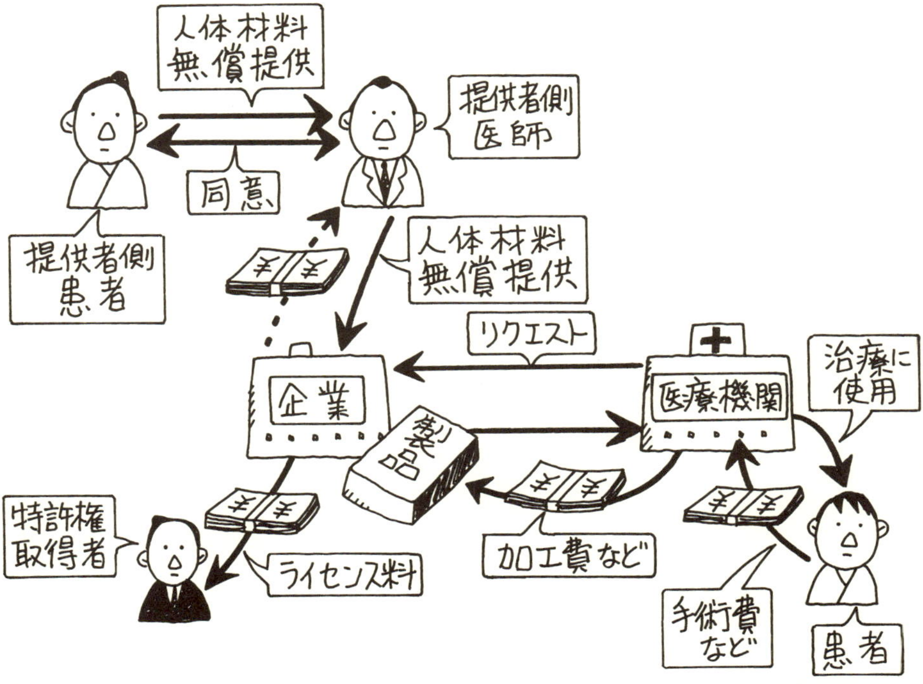

モノ化→資源化→商品化

人体資源の利用目的にもさまざまなものがあります。すでにビジネスになっているものもあれば、今後なりそうなものもあり、なりそうもないものもあります。

医療としての移植では、臓器、組織、細胞の各レベルの人体材料が使われます。輸血では血液が使われますが、これも移植の一種です。

移植医療のなかでも、それらをそのまま移植するのではなく、何らかの操作を施して、分化・増殖させてから移植する場合は、再生医療と呼ばれます。再生医療はES細胞を使うものと体性幹細胞を使うものに分けられますが、前者は受精胚やクローン胚からつくられ、後者は生体や死体、死胎から採取されます。

人工授精や体外受精など生殖技術では、精子や卵子や胚が使われます。

遺伝子治療では、ウイルスなどベクターと呼ばれる「運び屋」に組み込まれたかたちで、遺伝子が使われます。

遺伝子診断では、ヒトゲノム解析研究で発見された遺伝子の塩基配列情報が検査の指標として使われます。

医薬品生産では、やはり遺伝子が使われます。有益なタンパク質をつくる遺伝子を微生物や動物、ヒトの細胞に組み込み、それを増殖することで医薬品を生産するのです。

医薬品の安全性検査では、肝細胞などがすでに用いられており、ES細胞を用いることも検討されています。

この問題について考えるとき、2種類の表記に注目してください。すなわち「人」という表記と「ヒト」という表記です。「ヒト」という表記は、人間が生物資源として動物や植物、微生物と同格になったことを意味すると筆者は理解しています。

こうして見てみると、人体はバイオテクノロジーの進展によって、モノ化→資源化→商品化という流れのベルトコンベアに乗った(乗せられた)かのように見えます。あるものは資源にまで行き着き、あるものは商品にまで行き着きます。

いずれにしろ、一人ひとり名前を持っている人間の身体の一部が、石油や鉱石と同じような資源として扱われるようになり、さらに商行為の流れの中に組み込まれ始めたのです。この意味はきわめて重いでしょう。

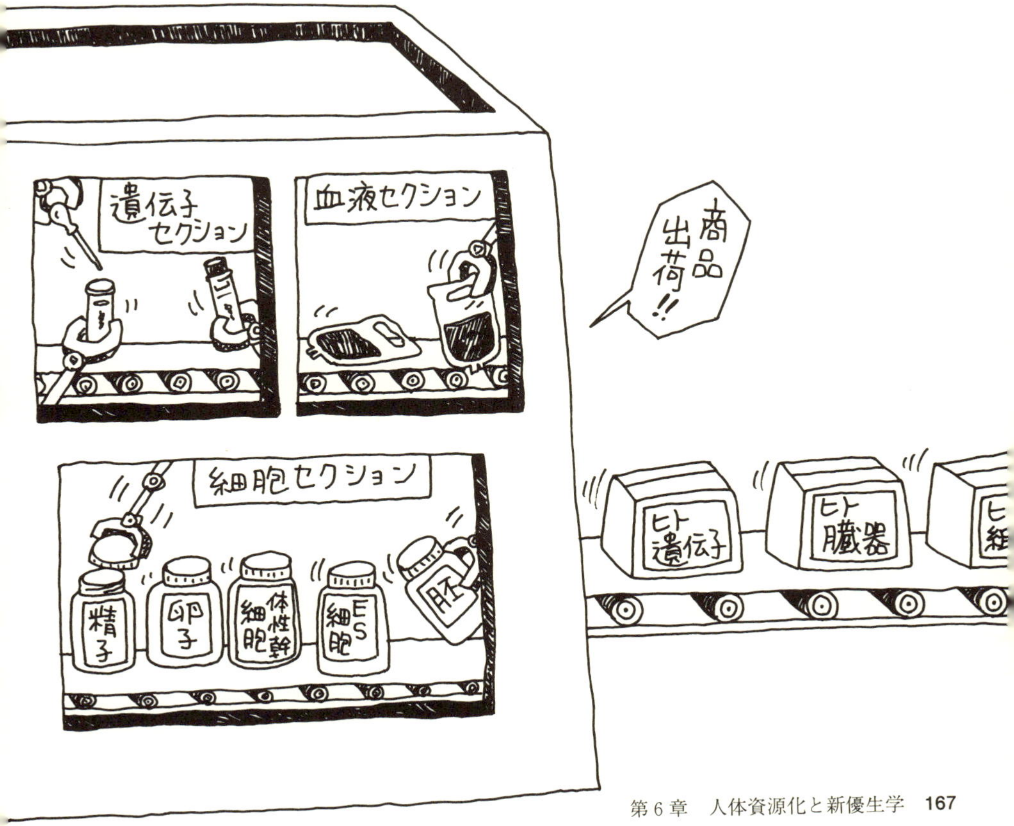

古い優生学と新しい優生学

こうした一連のバイオテクノロジーをヒトに応用することは「優生学」あるいは「優生思想」を導くのではないか、という批判がよくなされます。

優生学／優生思想とは、人間を、繁殖させるべき良い特徴の個体群とそうではない個体群とに分け、前者を繁殖させ後者を淘汰し、種としてのヒトを遺伝的に向上させることを理想に掲げる考え方のことです。それを最もわかりやすいかたちで目指したのがヒトラー率いるナチスドイツでした。ナチスドイツが身体障害者、精神障害者に対して断種や安楽死を行なったことは有名です。

だから遺伝子組み換えをはじめとするバイオテクノロジーに対しては、多くの人がそのイメージをナチスに重ねてきました。一方、推進者たちがつねにそのイメージをナチスから離すように努力してきたのも当然の流れでした。

しかし優生学はナチスだけのものではありませんでした。多くの科学史家の努力により、障害者への断種などの蛮行はアメリカ、ヨーロッパ、そして日本でも行なわれていたことが、いま

では明らかになっています。
そしてバイオテクノロジーが進展するにつれて、優生学はかたちを変えて復活してきました。たとえば、ヒトゲノム解析研究で得られた遺伝子の知識を、生殖細胞の遺伝子診断や遺伝子治療に応用すれば、理論的には、障害や病気を防ぐだけでなく、「良い形質」の人間を誕生させることさえも可能になるかもしれません。結果的に、昔の優生学と同じような方向性を持つことになります。
しかし、それらを擁護し、推進する論理(新優生学と呼ばれます)は、昔の優生学とは明らかに異なります。昔の優生学は、国家や社会の向上を目的にして障害者の断種などを推進しました。しかし新優生学が価値を置いているのは、個人の幸福の追求なのです。だから新優生学の推進者たちは徹頭徹尾、「自己決定」という論理を貫きます。「強制はしない」と……。
そうした技術や論理を生み出し、増長させたのは市場主義経済と消費者の欲望であることは、一つの事実として認める必要があるでしょう。

個人の幸福のために
あくまで自己決定で

バイオ政策の陥穽

そうはいっても、優生学や人体資源化を導きかねないバイオテクノロジーを市場原理にまかせて野放しにしておいてはいけない、何らかのかたちで規制(コントロール)しなければならない、ということは多くの人が認めるところです。だからこそ日本を含む各国で、クローン技術やヒトゲノム解析研究を規制する体系(システム)がつくられ始めているのです。

しかし、そうした規制体系は多くの人が納得できる経緯でつくられているのでしょうか？　少なくとも日本ではそうではないと筆者は断言します。

日本の行政の根本的な問題は縦割り行政と審議会主義です。これまで見てきたような技術を規制するための政策は、担当省庁が関係各界の意見を集約するために専門家を集めて審議会を設立し、そこでの議論をもとに報告書や指針をつくることによって決定されてきました。このやり方にはきわめて多くの問題があります。

第１に、新たな課題が出てくるたびに審議会をつくり、各省庁で個別に指針などをつくるようなやり方によって、規制体系の中に抜け穴や矛盾が生まれたことは否めません。日本では、何か新しい技術が開発されたり、何か問題が起こってから、そのたびごとに所管官庁の担当部局が自分たちの権限がおよぶ範囲のみで対応する、ということが繰り返されてきたのです。

第２に、審議会のメンバー構成には明らかに偏りがあります。規制対象となる技術の研究者や医学界、科学界、産業界の有力者が多くを占めているため、そもそもの是非は議論されません。最初からそれを認め、既成事実を追認し、推進することを前提とした議論になることがあまりにも多いのです。

第３に、いくら各界からの代表者を集めて公開で議論がなされ、パブリック・コメントというかたちで一般から意見が募集されても、議題の設定は事務局となる役所がペーパーのかたちで準備します。その結果、議論の範囲はきわめて狭くなり、他分野との整合性を取る姿勢が乏しくなるばかりか、しばしば一定の方向への誘導がなされます。

こうしてつくられた規制体系が私たちの人権や安全を守ることができるとは、筆者には思えません。

新自由主義経済とバイオテクノロジー

バイオテクノロジーやそれをヒトに応用するための制度がこのままつくられていけば、ヒトの身体とそれがつくり出すもの——受精卵、未受精卵、遺伝情報、そしてたぶん精子や体細胞、臓器も——は、資源としての価値を持つようになり、市場原理に組み込まれることになります。

そのことは同時に、新しいかたちの優生学／優生思想を招くことになるでしょう。資源は“質”が問われるからです。私たちの身体の、資源としての“質”は遺伝子レベルで測られるようになるかもしれません。第２章や第４章で見たように、技術は“失敗”を許さないのです。

ジャーナリストの斎藤貴男は『機会不平等』(文藝春秋)で、教育や労働問題、介護保険、そして遺伝子診断など現在のさまざまな社会事象をていねいに取材し、日本の政界や財界が競争原理の名の下に、貧富の差を正当化しようとすることへの警鐘を鳴らしました。斎藤氏は次のように書きます。

〈(中略)ナチズムの記憶とともに国際的に封印されてきた優生学的思想、ないし社会ダーウィニズムは、“市場原理主義”と揶揄される新自由主義がグローバリゼーションと称されるに及んで、再び息を吹き返した〉(46ページ)

新自由主義経済の論理は「市場の自由」「競争原理」「規制緩和」であり、「自己責任」です。そして新優生学を支える論理は「自己決定」であり、バイオテクノロジーを規制する指針や法律も「自己決定」をベースにつくられています。斎藤氏は、

〈“自己決定”であるからには、当然、ビジネスの対象になる〉(251ページ)

と書いています。新優生学と新自由主義経済は非常によく嚙み合うのです。

バイオテクノロジーの進展は、人体の資源化と新優生学の普及を促進するでしょう。もちろんその結果、私たちが受ける恩恵もあるかもしれません。しかしその一方で、私たちは何を失うのでしょう？　科学技術は過去に何度も過ちを犯してきました。それを繰り返さないためには、社会や経済のあり方から問い直す必要があるでしょう。

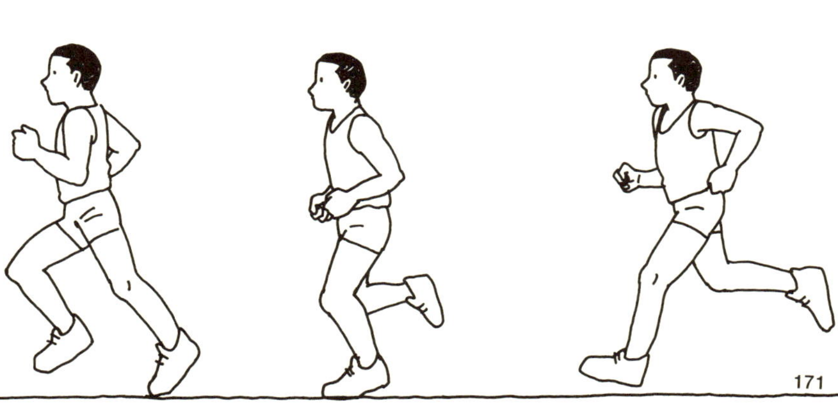

ブックガイド

本書をお読みになって、バイオテクノロジーの問題についてもっと知りたいと思った人のために、参考になりそうな本を紹介します。

まずは手前味噌ですが、拙著『人体バイオテクノロジー』(宝島社、新書)は、本書で展開したヒトゲノム解析、クローン技術、再生医療の問題についてより詳しく、現場取材を通じて報告しています。内容は本書と重なりますが、ぜひご一読を。

福本英子『生物医学時代の生と死』(技術と人間)は、生命科学研究においてその材料がどこから、どのように得られるのかを最も先駆的に追及した作品です。福本氏が『季刊福祉労働』で連載していた「遺伝子への介入の時代」も、近く現代書館から刊行されます。

バイオテクノロジーは驚くほどのスピードで進展しています。世界初の体細胞クローン動物「ドリー」誕生の経緯については、ジーナ・コラータが『クローン羊ドリー』(アスキー)でドラマティックに描いています。

一方、ケヴィン・デイヴィーズ『ゲノムを支配するものは誰か』(日本経済新聞社)を読むと、第1章で紹介したヒトゲノム解析をめぐる競争の舞台裏がよくわかります。

第3章や第6章で紹介した人体の資源化の現状と問題点については、アンドリュー・キンブレル『ヒューマンボディショップ』(東京化学同人)と、粟屋剛『人体部品ビジネス』(講談社、選書メチエ)がたいへん詳しく論じています。

第6章で紹介したクローン技術規制法については、御輿久美子ほか『人クローン技術は許されるか』(緑風出版)で、複数の著者がより詳しく多角的に同法を批判しています(私も寄稿しています))。また、複雑に入り組んだ規制体系については、橳島次郎『先端医療のルール』(講談社、現代新書)がその問題点をていねいに解読しています。手前味噌ですが、拙稿「日本の生物医学政策批判」も、日本の規制体系の問題点を論じています(『アソシエ』第9号「特集 資本主義に組み込まれる生と死」御茶の水書房、に収録)。

ルース・ハッバード／イライジャ・ウォールド『遺伝子万能神話をぶっ飛ばせ』(東京書籍)や、ドロシー・ネルキン／M・スーザン・リンディー『DNA伝説』(紀伊國屋書店)は、遺伝子科学の進展と俗説に振り回されて、遺伝子決定論に陥ってしまう私たちを目覚めさせてくれる良著です。

ローリー・B・アンドリュース『ヒト・クローン無法地帯』(紀伊國屋書店)は、自由の国＝自己決定大国アメリカで、無規制のまま普及した生殖技術がもたらした歪みを克明に描いています。一方、アメリカ型の自己決定思想が生命操作を擁護する論理を最もわかりやすく展開しているのが、リー・シルヴァー『複製されるヒト』(翔泳社)です。ロジャー・ゴステン『デザイナー・ベビー』(原書房)もまた、同様の論理で生殖技術や「デザイナー・ベビー」を擁護する論理を展開しています。

それらとまったく逆の立場から書かれたのが、ジェレミー・リフキン『バイテク・センチュリー』(集英社)です。著名な反バイテク活動家が、遺伝子組み換え食品を含むバイテク産業の暗部を徹底的に糾弾しています。

バイオテクノロジーの問題は専門家にまかせておけばいいということではありません。だから専門家以外の人にもわかるように、幅広く論じた入門書が本書以外にもほしいところです。

生命操作事典編集委員会編『生命操作事典』(緑風出版)では、専門家ではない市井の人々が、本書で論じたような個々の技術を項目ごとに分けて、批判的に論じています(私も寄稿しています)。

市野川容孝編『生命倫理キーワード事典』(平凡社、2002年夏刊行予定)では、主に文系の研究者たちが生命倫理の諸問題を項目ごとに論じています(私も寄稿しています)。

そして斎藤貴男『機会不平等』(文藝春秋)は、バイオテクノロジーだけをテーマにした本ではありませんが、新自由主義経済の負の側面の一つとして、新優生学の普及を指摘しています。グローバリゼーションの別の負の側面をまざまざと見せつけられた2001年9月11日以降を生きる私たちにとって、この本は必読書でしょう。

あとがき

2001年7月、初めての単著『人体バイオテクノロジー』(宝島社、新書)を上梓しました。多くの方から好意的な意見を寄せていただいたのですが、その一方で、難しすぎてよくわからない、という感想もたくさんいただきました。確かにバイオテクノロジーの問題を論じるさいには、どうしても多くの専門用語を使う必要があります。ふだん科学にあまり接していない人にとって、この種の本はとっつきにくいでしょう。

しかしバイオテクノロジーはすべての人に関係する問題です。病気になれば、先端医療の恩恵にあずかる可能性は高いし、そのさいに採取された血液が遺伝子解析研究にまわされることもありえます。患者になるにせよ、人体材料の供給源になるにせよ、無関係の人などありえないのです。

であるとするならば、わかりやすい「入門書」や「図解本」が必要になります。ところが、世の中に出回っている「入門書」の類を開いてみると……ほとんどが技術の解説に徹しているだけです。わかりやすいことはわかりやすいのですが、これではバイオテクノロジーが抱える諸問題は伝えることができないと思っていました。

そんなとき、現代書館の菊地泰博社長から「FOR BEGINNERS SCIENCE」シリーズで、『遺伝子組み換え(ヒト編)』を書かないかと(天笠啓祐氏を通じて)声をかけていただきました。この老舗入門書シリーズでは、すでに福本英子氏が『生命操作』を、天笠啓祐氏が『遺伝子組み換え(食物編)』と『遺伝子組み換え動物』、『遺伝子組み換え(イネ編)』を上梓しています。「FOR BEGINNERS」は、何も知らないくせに背伸びだけはしたかった大学生のころによく読んでいたシリーズなので、たいへんうれしく思いました。菊地社長と天笠氏に感謝します。また、正確でユーモアにあふれるイラストを書いていただいた、あべゆきえさんにも感謝します。

本書の内容は前作『人体バイオテクノロジー』と大きく重複していますが、同書では論じきれなかった生殖技術や遺伝子治療についても触れることができました。また、クローン技術やES細胞についても、その後の情報をできる限り組み込みました。本書が「技術の内容だけでなく問題点もよくわかる」という筆者のわがままな理想通りの作品に仕上がっているかどうかは読者の判断を待ちたいと思います。

なお筆者はウェブサイト(http://www.jca.apc.org/~kayukawa)でもこの問題を論じ続けるつもりです。時間のあるときにお立ち寄り下さい。つねに変化し続ける状況に対応するにはインターネットが便利ですが、まとまった情報や考えを発表できる媒体として最適なのはやはり本です。そう信じて、この本を書いてみました。

2002年5月

粥川準二

略歴

粥川《かゆかわ》準《じゅん》二《じ》●文

1969年生まれ。編集者を経て、1996年よりフリーランス・ジャーナリストに。医療、食糧、環境など、科学技術と人間社会との関係を独自の視点から取材・執筆。
著書に『人体バイオテクノロジー』（宝島社、新書）がある。
共著書に、『生命操作事典』（緑風出版）、『石油文明の破綻と終焉』（現代書館）、『別冊宝島 悪夢のバイオハザード』（宝島社）などがある。
共訳書に、エドワード・テナー著『逆襲するテクノロジー』（早川書房）などがある。
http://www.jca.apc.org/~kayukawa

あべゆきえ●絵

東京都生まれ。日本大学芸術学部文芸学科卒。
イラストレーター。
広告、雑誌、書籍等で仕事。
FOR BEGINNERS シリーズで『三島由紀夫』『地図』、FOR BEGINNERS SCIENCE シリーズで『遺伝子組み換え（食物編）』『遺伝子組み換え動物』『遺伝子組み換え　イネ編』『プラスチック』の絵を担当。

FOR BEGINNERS SCIENCE ⑨
資源化する人体

2002年7月20日　第1版第1刷発行

文・粥川準二
絵・あべゆきえ
装幀・足立秀夫
発行所　株式会社現代書館
発行者　菊地泰博
東京都千代田区飯田橋3-2-5
郵便番号102-0072
電話(03)3221-1321
FAX(03)3262-5906
振替00120-3-83725

写植・一ツ橋電植
印刷・東光印刷所／平河工業社
製本・越後堂製本

ISBN4-7684-1209-2
http://www.gendaishokan.co.jp/
制作協力・岩田純子
カバー写真提供／粥川準二

FOR BEGINNERS SCIENCE

20世紀は科学の時代と言われた。しかし、21世紀は近代科学の反省の時でもある。それは、先端科学の成果が、必ずしも人類の未来を見定めたものではないのではないか、という反省である。反省とは否定ではない。もう一度考え直すということだ。私たちには分かっているようで、実は曖昧なことが多い。先端科学は、凡人には理解不可能なものなのだろうか？　このシリーズは、健康を中心に、私たちが日常的に享受している科学の成果を根本から問い直し、安全な生活を提案してみようとして企画された。(定価各1500円＋税)

既刊
①電磁波
②遺伝子組み換え(食物編)
③新築病
④誰もがかかる化学物質過敏症
⑤遺伝子組み換え動物
⑥最新 危ない化粧品
⑦遺伝子組み換え イネ編
⑧プラスチック
⑨資源化する人体

今後の予定
・水　・歯

FOR BEGINNERS シリーズ (定価各1200円＋税)

歴史上の人物、事件等を文とイラストで表現した「見る思想書」。世界各国で好評を博しているものを、日本では小社が版権を獲得し、独自に日本版オリジナルも刊行しているものである。

①フロイト
②アインシュタイン
③マルクス
④反原発*
⑤レーニン*
⑥毛沢東*
⑦トロツキー*
⑧戸　籍
⑨資本主義*
⑩吉田松蔭
⑪日本の仏教
⑫全学連
⑬ダーウィン
⑭エコロジー
⑮憲　法
⑯マイコン
⑰資本論
⑱七大経済学
⑲食　糧
⑳天皇制
㉑生命操作
㉒般若心経
㉓自然食*
㉔教科書
㉕近代女性史
㉖冤罪・狭山事件
㉗民　法
㉘日本の警察
㉙エントロピー
㉚インスタントアート
㉛大杉栄*
㉜吉本隆明
㉝家族
㉞フランス革命
㉟三島由紀夫
㊱イスラム教
㊲チャップリン
㊳差　別
㊴アナキズム*
㊵柳田国男
㊶非暴力
㊷右　翼
㊸性
㊹地方自治
㊺太宰治
㊻エイズ
㊼ニーチェ
㊽新宗教
㊾観音経
㊿日本の権力
51芥川龍之介
52ライヒ
53ヤクザ
54精神医療
55部落差別と人権
56死　刑
57ガイア
58刑　法
59コロンブス
60総覧・地球環境
61宮沢賢治
62地　図
63歎異抄
64マルコムX
65ユング
66日本の軍隊(上巻)
67日本の軍隊(下巻)
68マフィア
69宝　塚
70ドラッグ
71にっぽん《NIPPON》
72占星術
73障害者
74花岡事件
75本居宣長
76黒澤　明
77ヘーゲル
78東洋思想
79現代資本主義
80経済学入門
81ラカン
82部落差別と人権Ⅱ
83ブレヒト
84レヴィ-ストロース
85フーコー
86カント
87ハイデガー
88スピルバーグ
89記号論
90数　学
91西田幾多郎
92部落差別と宗教
93司馬遼太郎と「坂の上の雲」

以降続刊　＊は品切

青春一回 知恵一生